AF485554

# La soledad del cirujano

**crónicas y poemas desde el quirófano**

Adonis Tupac
Ramírez Cuéllar

COLECCIÓN

ANTRÓ
PODO

*La soledad del cirujano*
*Crónicas y poemas desde el quirófano*

**ISBN: 978-958-49-0845-2**

© Adonis Tupac Ramírez Cuéllar
© De esta edición: Antrópodo Editores
Ilustraciones de carátula y páginas internas: Juan Perdomo Farfán

Primera edición: diciembre de 2020

Coordinación editorial:
Daniel Rodríguez Ángel, Carlos Andrés Almeyda

Diseño y diagramación: DIRECCIÓN ÚNICA, 3192327207

crónicas

# Prólogo

CONSTITUYE UN ESPECIAL HONOR PARA MÍ prologar el libro *La soledad del cirujano*. Debo destacar el excelente proyecto que supone esta obra, la cual surge en un momento crucial para la comunidad médica que se encuentra afectada por problemas cada vez más prevalentes y complejos, particularmente en algunas especialidades y entre ellas la cirugía. El desgaste profesional, la depresión, el suicidio, el alcoholismo y el abuso de sustancias se han convertido hoy en una triste y amenazante realidad que hace parte de la cara oculta y menos glamorosa del ejercicio médico.

La obra emprende una tarea noble y difícil al abordar esta situación paradójica de la que poco se habla, pero constituye una de las más perentorias y necesarias reflexiones en la medicina actual, ya que es fundamental conocer por qué razones, precisamente quienes velan por la salud de la población, ven comprometido su bienestar físico y mental al cumplir con esta tarea.

El doctor Adonis Tupac Ramírez, orgulloso huilense y destacado cirujano oncólogo dedicado a la Cirugía de cabeza y cuello, quien ha cultivado también una dedicación al deporte de alto rendimiento, a los hábitos de vida saludable y a través de la escritura y poesía, ha planteado genuinas preocupaciones por el bienestar del ser humano que existe en cada médico, es sin duda un cirujano muy especial. A través de sus narraciones de vívidas experiencias que acercan al lector a las dificultades humanas que afronta el cirujano en diferentes etapas de su camino profesional, primero para convertirse en médico y especialista, y luego durante su ejercicio clínico donde los avatares de la práctica quirúrgica, los éxitos y los fracasos lo confrontan con los aspectos más duros y a la vez bellos de la relación médico-paciente, muestra de qué manera este se ve afectado por los avatares que impone la exigente tarea de la cirugía.

Expone realidades que se ocultan dado que se alejan de las expectativas del carácter invencible del cirujano, el cual exige adoptar siempre una actitud triunfalista, heroica, optimista y decidida que es también por tradición, belicosa, con frecuencia arrogante y que difunde su triunfalismo en todo su entorno.

Carácter ilustrado con precisión por Valéry en sus elogios a estos especialistas que siguen impresionando a la sociedad: "el hombre que sabe algo cierto, que hace algo positivo, que además practica una actividad equiparable a un arte y cuyas manos, obedeciendo a conceptos teóricos derivados de la ciencia, realizan algo concreto; que pasa rápidamente de la percepción a la decisión, y de la decisión al acto, acto potencialmente preñado de terribles consecuencias, irrevocable; y todo esto con rapidez instantánea y bajo toda suerte de presiones".

La exigente tradición de la cultura quirúrgica enseña a través de sacrificios físicos y emocionales y un régimen disciplinario y jerárquico inflexible, que nuestra tarea demanda mostrarnos siempre invencibles y sólidos, nunca temerosos ni débiles.

Es innegable que el abordaje del paciente quirúrgico y la complejidad de la patología que enfrentamos así lo requieren, pero no por esto debemos negar que existen tras bambalinas, dentro y fuera del quirófano, momentos de frustración, dolor, inseguridad, preocupación y sentimientos de desolación, angustia, temor, tristeza, desesperanza y culpabilidad. Reconocer y compartir con otros estas experiencias alivia, y enseñar sobre ellas a colegas residentes y estudiantes es fundamental para que no desconozcan la sensibilidad, empatía y compasión como parte natural de su carácter profesional.

Como lo plantea el autor, el cirujano camina siempre en el filo del éxito y el fracaso, lo cual considero es una de las grandes maravillas, pero a la vez de las amenazas de convertirse en cirujano, dado que solo quien logra un balance perfecto al lidiar con ambos extremos alcanza la maestría en este delicado arte.

Sin duda esta obra será especialmente útil para alumnos y residentes de cirugía y cirujanos, así como para todos los demás médicos y el público en general. Es necesario que la educación y formación integral de las nuevas generaciones resalte la naturaleza humanística de la profesión, es imperioso que la cultura cambie, permita y favorezca las discusiones sobre estos aspectos como un paso más en el camino a humanizar lo que se ha deshumanizado.

Los colegas con seguridad se verán reflejados de una o diversas maneras en el espejo que pone frente a cada cirujano el autor, y quienes no hacen parte del mundo de la cirugía descubrirán la belleza que existe en la sublime tarea de aliviar el sufrimiento humano al entrar en contacto con el alma de un cirujano a través de esta obra.

La soledad del cirujano es una obra necesaria y valiosa que expone problemas en una cultura quirúrgica vigente, resalta aspectos fundamentales del ser humano que ejerce esta profesión y a la vez propone que sean reconocidos, expresados y validados. Sin duda alguna contribuirá a construir una nueva era en la que el perfil del cirujano se vea enriquecido con el cultivo y reconocimiento de estas cualidades que de ninguna manera desvirtúan su carácter y más bien deben ser consideradas motivo de orgullo.

**LILIAN TORREGROSA A.**
Presidente Asociación Colombiana de Cirugía
Expresidente Tribunal Nacional de Ética Médica
Directora Departamento de Cirugía Pontificia Universidad
Javeriana – Hospital universitario San Ignacio

*La soledad del cirujano*

# La soledad del cirujano

> Todo cirujano lleva en su interior un pequeño cementerio al que acude a rezar de vez en cuando, un lugar lleno de amargura y pesar, en el que debe buscar explicación a sus fracasos.
>
> Rene Leriche, *La filosofía de la cirugía.* 1951

Soy cirujano general desde hace 12 años y cirujano de cabeza y cuello desde hace 8. Amo mi profesión y me apasiona todo lo que hago; me gustan los retos, los casos difíciles, hablar con los pacientes y tender mi mano para dar confianza. Como cirujano cada día afronto situaciones de riesgo, cada procedimiento, de acuerdo con su complejidad, trae sus posibles complicaciones que incluso pueden llevar hasta la muerte. Desde una óptica externa se nos exige ser triunfadores, que nuestros resultados siempre sean perfectos y los fracasos a veces se nos endilgan como asesinatos.

Muchas personas no imaginan la carga emocional, laboral y personal que llevamos a nuestras espaldas, con la que debemos lidiar. Tampoco saben de la gran cantidad de enfermedades que afronta nuestro gremio como la depresión, el alcoholismo, el suicidio, enfermedad cardiovascular, obesidad, producto del gran estrés que afrontamos, que consume nuestro tiempo y, en múltiples ocasiones, sin espacios para compartir con la familia. A todo esto, se suma que la remuneración por nuestro trabajo no es la mejor.

El poder que tenemos de invadir un cuerpo, abrirlo y vulnerarlo con nuestras manos y bisturíes trae una gran responsabilidad que muchas veces nos conduce al éxito y a la alegría al dar bienestar a nuestros pacientes, pero en algunas ocasiones, cuando se presentan las complicaciones o la misma muerte, esto se traduce en fracaso, lo que nos trae un dolor intenso, sentimiento de culpa, en especial cuando identificamos con la familia que sufre por la pérdida y, a veces nos trae problemas médico legales con escarnio público y acusaciones de homicidio.

Y es a esto a lo que me enfrento día tras día:

Una luz brillante como el foco de un teatro calienta mi cuello, una habitación rectangular donde predomina el reluciente del color blanco, una camilla cubierta de telas y en ella solo se observa parte de un cuerpo, sin cara, impersonal, quizás para mantener la objetividad y cortar ese posible lazo que me une al paciente, para actuar con la cabeza y no demasiado con el corazón. Sin embargo, esto es casi imposible cuando es el corazón el que me ha traído hasta aquí, a este sueño de ser cirujano. Un silencio roto por pitidos rítmicos de un monitor y de un respirador. Un escenario quirúrgico que involucra diversos actores y con solo dos principales, entre los cuales yo soy uno. Una danza sincrónica de movimientos manuales, planeados, una partitura en mi cabeza para interpretar y, a veces, para improvisar sobre un cuerpo que emite sonidos de calor e implora paciencia, rapidez y perfección. Sonidos que son elevados en un coro por la familia. Un gran peso en los hombros que, por lo tanto, asfixia. El peso de aquellos que esperan afuera el mejor desenlace, respiración cortada y pesada por un tapabocas especial, obligado por la pandemia, que marca y lacera la cara, gafas empañadas y sensación de ahogo y claustrofobia. ¿Cuántos cirujanos sentirán lo mismo?

En ocasiones la cirugía puede ser dura, dolorosa y desagradecida. Cargamos con una gran responsabilidad, la vida de un paciente y su entorno familiar. A menudo no pensamos en esas implicaciones, quizás para restar importancia y estrés a lo que hacemos. Cuando todo sale bien, sin ninguna complicación, es un gran alivio. Realmente eso no me marca ni me acongoja, tampoco alimenta mi ego (esa etapa estúpida inicial ya la viví, una etapa que es marcada por la arrogancia), y pasa a ser costumbre. El verdadero dolor viene con el fracaso, con aquel paciente que presenta complicaciones, estancias prolongadas de hospitalización e incluso la muerte, donde usamos todo nuestro conocimiento, herramientas tecnológicas e incluso la oración, pero no resolvemos. Es allí donde la conciencia nos carcome, nos patea en el hígado y nos vomita en la cara, donde nuestra fragilidad está a flor de piel y la depresión se encarga de amargar y alargar las noches. Llegamos a un camino sin salida, complicación tras complicación han minado la confianza, no encontramos caminos ni soluciones que ofrecer, no tenemos otros procedimientos o tecnologías que puedan aliviar el sufrimiento y el dolor del paciente y su familia. Estamos agotados, exhaustos, derrotados, llenos de rabia, desolación y temor. Estos sentimientos acompañan, taladran la mente y la conciencia cuando enfrentamos complicaciones o enfermedades incurables que agotan todas las posibilidades de recuperación o cura para el paciente. Es allí donde solo tenemos al hombre del espejo para hablarle, donde muchas veces el alcohol, el cigarrillo o el sexo fácil nos parecen el elíxir para lavar nuestras culpas;

donde esto puede entrar en un círculo vicioso y llevarnos a la apuesta de la ruleta rusa con un final trágico.

Es difícil entender nuestro dolor y fracaso; esto nos lleva a la pérdida de la confianza, pero se debe mantener la fortaleza y la entereza para continuar con el servicio (corazón abierto para escuchar a los pacientes y mente clara para tomar decisiones). Desligarnos del dolor, recuperar la fe y volver a sonreír con el alma. No es posible escapar, esconderse y tampoco dormir; no se logra una solución ni tampoco la redención, nuestra resiliencia es lo único que nos mantiene.

No conozco otra profesión que sea tan compleja en su accionar y que pueda traer resultados que solo están en los dos extremos: el éxito o el fracaso. No existen los puntos intermedios. He afirmado en múltiples ocasiones que la cirugía es como caminar en el filo de un abismo, pero eso es quizás lo que nos apasiona a la gran mayoría de cirujanos, esa sensación de estar al borde de la cornisa donde cada movimiento debe darse con precisión, seguridad y cautela. Los fracasos nos duelen y en muchas ocasiones no quisiéramos levantarnos y continuar, el dolor nos corroe tan profundo que solo en la soledad y en la tristeza de nuestro drama logramos tomar de nuevo el valor para continuar.

La soledad del cirujano con su conciencia, esa es nuestra más dura evaluadora, nos machaca los fracasos y puede minarnos la confianza.

Durante mi formación como residente (especialización en cirugía) en el primer año, iniciando el nuevo milenio, tuve una paciente de 40 años que ingresó por un cuadro de patología obstructiva de la vía biliar, es decir un cálculo había descendido de la vesícula y se había alojado en el conducto principal que lleva la bilis desde la vesícula y el hígado al intestino, esto produce un síntoma que llamamos ictericia, que es la coloración amarilla de la piel y los ojos que presentan las personas. En esa época no estaba en auge la realización de la cirugía laparoscópica y menos la exploración de la vía biliar por este medio. Se realizó inicialmente una exploración endoscópica sin lograr sacar el cálculo, por lo que se llevó a cirugía abierta, esta la realizó el cirujano de mayor experiencia del hospital y al que yo más admiraba, fui su ayudante. No se presentó ninguna complicación y la paciente fue llevada a recuperación.

Recuerdo que previamente había hablado con la paciente y su hija de aproximadamente 16 años. Les había contado en qué consistía la cirugía y los posibles riesgos, les había dado mucha confianza, y además insistí en que se dejara operar, ya que la paciente quería firmar retiro voluntario.

Me encontraba en el segundo procedimiento quirúrgico de la tarde después de terminar la cirugía de la señora con la obstrucción biliar cuando fuimos informados que había hecho paro respiratorio y cardiaco en el área de recuperación y que requirió reanimación e intubación para asistencia ventilatoria y, posterior, había sido llevada a la unidad de cuidados intensivos. Tuve que salir nuevamente a hablar con la hija, ya lo había hecho al terminar la cirugía y le dije que todo había salido perfecto, sin complicaciones, así que no tenía cómo explicarle lo que había sucedido, no sabíamos qué había ocurrido para que ella presentara el paro y tuviera esa grave complicación. Me sentía extremadamente mal y muy triste.

La evolución fue mala. Luego de 3 días de estar intubada se diagnosticó muerte cerebral. Se realizaron todas las pruebas que deben hacerse para llegar a este diagnóstico y se confirmó. Otra vez fui el portavoz de la triste noticia a su hija. Me derrumbé emocionalmente, me culpé por haber insistido que se operara, lloré en silencio y la culpa no me permitió dormir por varios días, no encontraba consuelo.

Mi comportamiento cambió, me torné retraído, callado y de mal humor. Esto fue notado por uno de mis profesores y mentores, que después de una de las reuniones académicas que se realizaban en el servicio todos los días a las 7 am, me llamó aparte y me preguntó por qué me comportaba así. No fui capaz de mentir y le conté todo lo que sentía y cómo el sentimiento de culpa me consumía. Sus palabras ese día fueron aliviadoras, me contó también de sus experiencias dolorosas y cómo había salido adelante, me hizo reflexionar y me dijo que la culpa no era nuestra, que el desenlace trágico no estaba en nuestras manos y que desafortunadamente esta no iba a ser la única vez que esto pasara.

Ese día comprendí que se debe hablar y pedir consejos a los tutores y mentores, que la culpa no es una buena compañía y que el fracaso y la muerte serían compañeras permanentes durante mi formación y, posteriormente en mi profesión como cirujano. No miento que a veces me visita esa culpa que reprime y tortura, pero con el tiempo he aprendido a domarla y llevarla al lado como una cruel caminante.

4:50 am

# 4:50 a.m.

4:50 am: eso dice mi reloj. A esta hora ya no tengo noción del tiempo, no sé si es de día o de noche, llevo más de 24 horas sin ver la luz del sol. Aquí en estas salas siempre es de noche.

Es enero del año 2004, mi último año de residencia (se le llama de este modo a la formación que hacemos para adquirir el título de especialistas) a punto de convertirme en cirujano; en ese momento tenía una gran responsabilidad, muchos procedimientos los realizaba en compañía del médico interno bajo la supervisión de mis profesores, tenía la confianza de ellos y eso infundía una falsa grandeza y una arrogancia al creerme que ya era un cirujano.

Me creía mejor que mis profesores porque leía más, buscaba los últimos artículos y pensaba que muchos de ellos ya estaban desactualizados. Esa falsa grandeza, sumada a la arrogancia, pronto caería y aprendería nuevamente sobre la humildad. Esto pasó en mis primeros meses de trabajo como cirujano general. Durante la residencia era avezado, intrépido para tomar decisiones y definir pacientes, porque siempre podía mirar atrás y estaba mi profesor para avalar o corregir mis conductas y continuar aprendiendo, pero cuando se inicia a trabajar solo, esa falsa sensación de grandeza de creer que mis profesores no saben lo mismo se cae al piso, en ese momento estoy solo, no tengo el aval ni la confianza en la espalda y es cuando comprendo que aún me falta mucho por aprender para poder emular a mis profesores.

Sentado frente al teclado de este viejo computador, escribiendo los informes de los últimos procedimientos quirúrgicos de la noche, tratando de ser cauto y recordando cada hallazgo y cada momento de todos los pacientes para no errar ni cruzar la información, me ayudaba de anotaciones que hacía en una hoja entre cada cirugía de los hallazgos importantes de cada paciente para no olvidarlos. Aquella noche fueron casi 13 cirugías, no hubo descanso, se pasaba de una sala a otra para dar abasto. Mientras terminaba el procedimiento, el profesor bajaba a urgencias a solucionar las cosas más urgentes y a continuar conmigo. Terminamos todo a las 4.30 am y a mí me tocaba sentarme a escribirlo todo y, claro, hay que hacerlo perfecto porque lo que queda consignado en las historias clínicas es lo único que nos puede salvar o proteger de una futura demanda, hasta en eso debemos pensar, una triste realidad.

Saco mi pequeña hoja del bolsillo del uniforme, ese que he cambiado varias veces en la noche porque me había mojado con sangre y fluidos de los diferentes pacientes. En ocasiones, he tenido que desechar los interiores porque se manchan de sangre, pus o mierda, y lavarme los genitales en los baños de los quirófanos para poder continuar trabajando. Esa pequeña hoja está llena de garabatos que solo yo comprendo, si alguien la mirara pensaría que son mensajes en jeroglífico de alguna tribu del más allá. Busco la lucidez en medio del cansancio y del caos de las últimas horas, mi cabeza da vueltas y trata de organizar tanta información, tantos sentimientos juntos, solo ahora logro metabolizar esas sensaciones y me invade el cansancio absoluto. Casi no logro escribir medio párrafo sin quedarme dormido, es un esfuerzo bestial mantenerme alerta y lograr terminar todas las anotaciones, además debo continuar la jornada, debo entregar el turno a mi compañero que llega a las 6 am y, posteriormente subir al piso a examinar y revisar la evolución de los pacientes hospitalizados, supervisar el trabajo de los médicos internos, resolver los problemas y las dudas, luego la reunión académica a las 7 am, presentar casos y estar dispuesto y preparado para el "palo" que nos puedan dar porque faltó algo por hacer. Siempre falta algo según nuestros profesores, esta formación, casi siempre de corte militar y punitivo, no es la más apropiada (me costó mucho tiempo entenderla y cambiar mi modo de pensar y actuar). No hay tiempo ni espacio para el cansancio y mucho menos para quejarse por el exceso de trabajo, esas quejas y el cansancio son signos de debilidad y de "falta de carácter" en nuestra especialidad (que equivocados estaban).

Esa misma falta de carácter hizo que cometiera muchos errores cuando fui profesor de pregrado y postgrado, trataba de hacerlo de la misma forma que lo habían hecho conmigo, siendo rígido, duro y a veces grosero, sin entender que cada persona es un universo diferente y tiene diferentes formas de aprender, sin comprender que la mejor forma de enseñar es con el ejemplo y a través de la empatía, la comprensión y el cariño, basados en el respeto y la responsabilidad.

Cerrar los ojos, recordar lo vivido en la noche con diferentes emociones como si hubiese estado en una montaña rusa, sensaciones de vaga grandeza y sentimientos de frustración, dolor y fracaso por dos pacientes muertos en medio del quirófano, esos son los resultados de esta larga noche. Resultados que medimos en números, en estadísticas, olvidando nombres, historias de vida sujetas a cada paciente, familias y todo un universo que implican una sola vida.

Ahora mis confidentes son este viejo computador y mi pequeña hoja de jeroglíficos que inicio a descifrar para poder escribir todos los datos: nombre, edad, género, hora de inicio, hora de finalización, nombre del cirujano, primer ayudante, segundo ayudante, anestesiólogo, instrumentadora, auxiliar, hallazgos intraoperatorios y la descripción detallada de la cirugía. Trato de mantener la lucidez y claridad mental, ¿cómo lograrlo sin haber dormido? ¿Cómo puedo mantenerla con tantos sentimientos de frustración y vaga grandeza de esta jornada?

Qué difícil se hace la cabeza a esta hora, donde solo hay ganas de dormir, beber o tener sexo rápido, y que ganas tengo de sexo rápido para liberar toda esta tensión y frustración, para sentir el placer de tocar la piel de una mujer, sentir su aroma, deleitarme entre sus piernas (las largas y morenas piernas de mi novia que me encantan), para olvidar que aún tengo más de 15 horas de jornada. Solo quisiera el placer y después fumar en paz, descargar todo este agotamiento, tener una pila de batería extra y poder limpiar mi mente para afrontar el nuevo día.

Qué difícil continuar, pero ya pronto serán las 6 am y se inicia una nueva jornada laboral. ¿Dónde pararán estos sentimientos?, quizás en la nevera de la morgue, no hay tiempo para exteriorizar ni mucho menos para la debilidad.

Este espectáculo continúa... siguiente paciente.

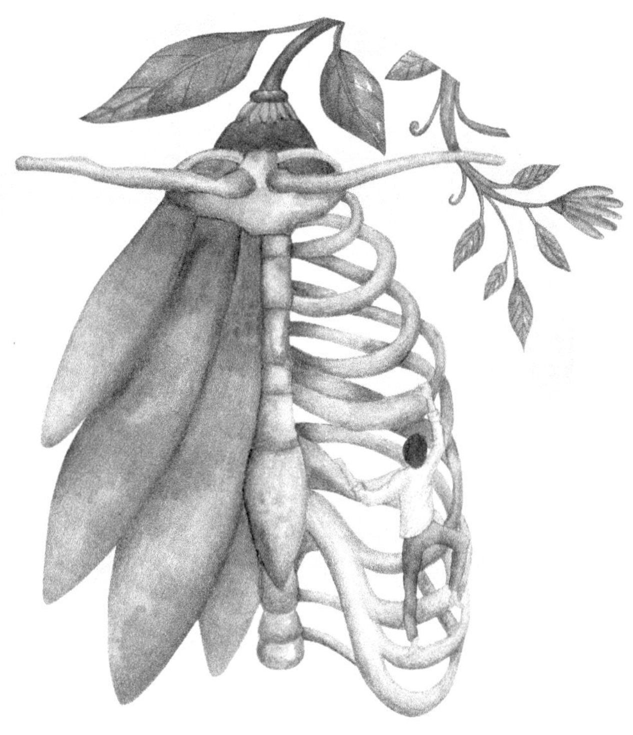

¿Por qué soy médico?

# ¿Por qué soy médico?

Muchos me hacen esta pregunta y siempre contesto con una frase un poco cliché (creo que muy cliché): soy médico porque quiero ayudar a los demás.

Esta misma pregunta se la he hecho a muchos de mis colegas y estudiantes y casi todos han respondido que uno de los factores que motivaron su decisión fue la vocación de ayudar a los demás, la emoción que tiene el ejercicio de la medicina, la probabilidad de investigar y algunos pensaban solamente en el "estatus social" y la remuneración económica.

Empecé mi formación como médico en 1992, un año antes de que iniciara el proceso de la ley 100, la cual ha sido criticada y golpeada por muchos, pero que su voluntad, en esencia, fue el cubrimiento en salud para todos, lo cual parcialmente se logró, pues también cambió el panorama para muchas personas que no tenían el acceso a este servicio. Los problemas de la ley han sido todos los procesos de corrupción en la creación de las famosas Empresas Prestadoras de Salud (EPS), las cuales han administrado de forma carroñera los recursos con beneficios para muchos políticos y diferentes "empresarios" de la salud. Esta ley cambió la visión del médico, disminuyó los ingresos, volviéndolos empleados y asalariados, además destruyó toda la capacidad de organización sindical. A esto se suma que los grandes emporios también se hicieron dueños de las facultades de medicina, con todo un negocio redondo, produciendo mucha mano de obra de calidad no adecuada para disminuir el costo de los salarios médicos.

Mi decisión de ser médico no fue influida por la familia, mi mamá me recuerda que a los 7 años le dije que sería médico porque quería ayudar a los demás y salvar vidas. No tengo muy claro ese recuerdo, además que no tenía médicos cerca y, ni siquiera en la televisión existía alguno de los programas, a diferencia de ahora que se transmiten series médicas o *realities* desde las diferentes áreas de un hospital o clínica.

En mi adolescencia una tía materna empezó a estudiar medicina, pero vivía lejos y no tenía mucho contacto con ella, no había redes sociales ni el internet que acorta las distancias. En el año 1993, mi segundo año de carrera, teníamos que cursar las dos materias más temidas por todos, que eran anatomía y fisiología, en ese momento mi tía me regaló el equipo de disección para las prácticas en los cadáveres. Este equipo era blanco, todas las pinzas relucían, también me dio la biblia de la anatomía, el libro de L.Testut- A.Latarjet, que tenía 5 tomos y era demasiado denso, además empecé a recibir consejos de su parte, ahí realmente inició la influencia familiar en la medicina.

Durante la carrera, que en esa época era de 7 largos años, tuve muy pocos modelos en mi formación médica que estuvieran convencidos de la verdadera naturaleza de la profesión: el servicio. Gran parte de mis profesores eran de formación clínica y para ellos lo más importante era la dimensión académica, y la relación con el paciente era secundaria. En el programa de estudios teníamos un gran bloque que se llamaba medicina social y comunitaria donde recibimos los conceptos del enfoque holístico de la medicina de una atención integral al enfermo, conceptos que se diluyeron en los siguientes años porque no hubo una conexión de las diferentes áreas de formación. Era muy triste observar a algunos de los profesores con comportamientos déspotas, arrogantes y poco humanos con los pacientes, aunque de esos también aprendí, en especial que no debía reproducir aquellas actitudes. Pero, de igual forma, había algunos que nos recalcaban el buen trato, el respeto, la amabilidad y el cariño por los pacientes, la buena comunicación y la relación con ellos y sus familias.

Mis intenciones iniciales se fueron diluyendo de forma inconsciente durante la formación, migrando a querer ser más clínico, investigador, más práctico; en términos generales "salvar vidas" sin importar la forma ni el camino para lograrlo. Entré en una carrera acelerada donde solo importaba el resultado, en la que el tiempo era oro y no se podía perder creando lazos con los pacientes y familiares, donde la dureza era sinónimo de grandeza. Esas conductas enraizaron con más fuerza al iniciar mi especialidad en cirugía general, la cual me dio el poder de invadir el cuerpo de las personas con una nueva arma: el bisturí.

En medio de libros, tratados, exigencias académicas y alimentando el ego de ser el mejor, con la mejor profesión, repleto de abnegación y sacrificio, olvidé el verdadero sentido: el de la vida, el del servicio, de la empatía y del amor; en definitiva, el sentido humano de mi profesión. Olvidé que lo más importante es la compasión, escuchar a los pacientes, abrazarlos. Es por esto por lo que, debemos recordar que no solo curamos ni tratamos un cuerpo, sino que tratamos a personas con sueños, temores, pasiones y que, indirectamente, tratamos a sus familias. Olvidé que no solo necesitan una cirugía, un antibiótico o un analgésico, también necesitan sanar sus almas y cambiar sus entornos.

Además, olvidé escuchar y tocar, solo por el afán de diagnosticar y creerme dueño de la razón o de la última palabra. En ese mar de información perdí la vela y mi rumbo se dejó llevar por el viento más fuerte y el más cómodo, sin tener un puerto de arribo, naufragando entre tanto conocimiento y los deseos de aprender, pero olvidando que el rumbo siempre era el paciente.

Algunos maestros piensan que la exigencia académica es suficiente (cumplimiento, sacrificio físico y emocional) para hacernos verdaderos médicos o cirujanos, olvidándonos del sentido humano e incluso parecer máquinas que solo trabajan, pero no opinan o interpretan. Los momentos de inspiración, entrega y fragilidad son pocos y a veces mal vistos o son interpretados como signos de debilidad o de falta de carácter, momentos que permiten cultivar la empatía, la compasión y el altruismo.

Hemos sido condenados a un Olimpo estúpido e imbécil, a una competencia que nos ha llevado a un cruel mercantilismo, a una competencia salvaje, a enfrentarnos entre colegas y con los pacientes. Por eso, se necesita con urgencia retornar a las bases de la enseñanza médica, a la naturaleza humanística de la profesión, reencontrarnos con la esencia para poder curar de verdad.

*La muerte cambiante*

# La muerte cambiante

Bienvenida muerte, te esperaba de nuevo.
Llegas inoportuna, glorificando el dolor.

¿Qué es la muerte?, ¿Por qué llega la muerte? ¿Cómo es el proceso de la muerte? ¿Para qué sirve la muerte? Estas respuestas no nos las dan cuando somos niños, las descubrimos en el transcurso de la vida, en ocasiones de forma errónea, sumadas al temor y al tabú que un tema como este tiene en nuestra sociedad y, aún en la formación médica no hablamos ni mencionamos a la muerte, ya que es tratada como un demonio, algo prohibido en muchas de nuestras familias, como una herencia de la formación religiosa y cultural del occidente.

De niño, como todos, le temía a la muerte y, además hablar de ella era casi imposible a esa edad. Nunca nos hablan de la muerte y, al ser niños, mucho menos nos la explican, siempre es un tabú y algo que pertenece solo al mundo de los adultos.

La primera vez que vi un cadáver fue a mis 9 años, estaba en la finca de una tía y a un vecino suyo lo habían asesinado en su cuarto, víctima de un robo. Tenía un tiro en el tórax y otro en el abdomen. Me llevaron a visitar a la familia (porque no tenían con quien dejarme), y yo aproveché para escabullirme y ver el cadáver que estaba en su cama. Había sangre derramada salpicando también las paredes del cuarto, muchas personas hablaban alrededor, pero yo estaba absorto viéndolo, no tenía miedo, solo quería entender lo que había sucedido. No paraba de observarlo, empinado desde una ventana lateral a la habitación, trataba de buscar huellas de disparos en las paredes e imaginaba la escena. La muerte, aún me esperaban años para volver a tenerla así de cerca y comprenderla en su dolor y su orfandad.

Luego, fui a estudiar a una escuela pública donde mi mamá era profesora para realizar cuarto de primaria. Me llevaron allá porque en el colegio donde estaba prácticamente ya no me aguantaron por indisciplinado y camorrero. En el nuevo colegio tuve un amigo que se llamaba Mario, era mayor que yo, tendría unos 11 años, trabajaba los fines de semana para ayudar en su casa, pues era de origen muy humilde, pero rico en historias, las cuales me contaba con entusiasmo. Compartíamos pupitre y me aceptó, a pesar de ser menor que él, porque le resultó graciosa mi indisciplina, porque yo era muy buen estudiante y le podía ayudar en todas las materias. Cuando terminó el año fui matriculado en otro colegio y perdí contacto con él, aunque mi mamá me daba sus razones y yo también le enviaba mensajes con ella. Dos años después Mario murió víctima de una granada abandonada en un campo, junto con otros tres niños. Ellos se encontraban recogiendo migajón (las heces secas de las vacas que sirven como abono) para poder venderlas y tener algún ingreso para sus familias. A esa edad sentí a la muerte cercana e inexplicable, me preguntaba por qué había sucedido aquello y cómo un niño como yo moría. Ya era capaz de racionalizar más, pero aún la información que me daban era escasa y fragmentada.

En plena adolescencia nunca pensé en la muerte y nunca le tuve temor a la mía (aún hoy siento eso). Era rebelde, insolente y arriesgado (características comunes de esta edad), pero la muerte llamó a mi puerta cuando a mis 13 falleció mi papá de un infarto (él tenía 46 años). Ese ha sido el momento más triste y duro de mi vida.

Un cuerpo pálido y aún caliente reposaba sobre una camilla en la sala de urgencias. Un durmiente en un sueño profundo, el último que truncaba su existencia y la de su familia. Un sueño que vomitaba dolor, inconformismo. Tenía 46 años, un infarto fulminante, doloroso e inesperado detuvo su respiración, silenció los latidos de su corazón, congeló sus pensamientos, vació sus emociones, durmió sus movimientos y truncó el amor por sus hijos. Lo vi y lo toqué sintiendo que en su calidez aún había vida, lo llamé insistentemente, le hablé cerca al oído, abrí sus ojos, le imploré que se levantara, le prometí hacer lo que él me pidiera, le rogué que volviera a casa, pero todo fue sin sentido, pues en ese momento su cuerpo era solo un cuerpo.

Pensaba que todo eso era un mal sueño, que al día siguiente mi viejo llegaría a la puerta y volvería a escuchar sus pasos, pero eso nunca pasó y me tuve que acostumbrar a su ausencia física, pero no espiritual (soñaba con él y permanecía siempre cerca de mí). Nadie me explicó el significado de la muerte y cómo afrontar la pérdida de alguien cercano. Debido a esta pérdida la vida de mis hermanos y de mi madre se hizo mucho más valiosa y comencé a interiorizar que en algún momento ellos se irían, y a pensar en la vida sin ellos.

Como estudiante de medicina, cirujano y cirujano oncólogo es triste saber que no nos hablan de la muerte, es un tema ausente en nuestra formación y aprendemos de algunos pocos profesores que nos hablan de sus experiencias. El significado de la muerte en nuestra carrera siempre está asociado con el fracaso, con la pérdida. Nos preparan para curar cuerpos, no para acercarnos al alma de nuestros pacientes. Huimos de los pacientes terminales porque no tenemos ni la más mínima idea de cómo actuar con ellos, nos es difícil escucharlos y darles afecto. Creo que parte de la formación médica se encarga de castrar nuestros sentimientos básicos (compasión, sensibilidad, respeto, solidaridad, compartir), quizás como un método de protección o para desligarnos y poder continuar cada día.

Después de cometer muchos errores y de equivocarme aprendiendo, he entendido que se debe hablar de la muerte como hablamos del nacimiento. Y así como se prepara la llegada de un nuevo miembro de la familia, también deberíamos hacerlo para su partida, pues la muerte casi siempre es inesperada, inexplicable y nos deja atiborrados de "pendientes" y vacíos.

No le temo a mi muerte, ya lo dije, y he tratado de prepararme para ella. Sé bien que la muerte de algún miembro de mi familia será muy dolorosa, pero también me preparo para ese momento, tratando que aquellos pendientes cada vez sean pocos y que cuando se vaya alguno solo queden sentimientos de agradecimiento por haberlos tenido y que ese amor que nos dimos nos ayude a superar la ausencia y venerar sus recuerdos.

*El pirata*

# El pirata

Entre los años 2006 y 2007 realicé mi formación en cirugía de cabeza y cuello en el Instituto Europeo de Oncología en Milán, Italia, ya que en Colombia no existía el programa. Quise ser cirujano de cabeza y cuello porque es una especialidad retadora que requiere buena habilidad quirúrgica, gran conocimiento de la anatomía e involucra una de las zonas de mayor complejidad del cuerpo humano, que es el cuello donde realmente está todo: grandes vasos, sistema digestivo, nervioso y respiratorio, y glándulas. En esa época no era muy seductora esta especialidad para los cirujanos generales y ese fue otro plus, ya que siempre me gustó lo que a muchos no, y como decía uno de mis profesores: "la grandeza está en bailar con la fea, con la bonita todos quieren bailar".

No me gustaba la pediatría y mucho menos la cirugía pediátrica porque soy muy sensible a los niños enfermos y el dolor que me produce verlos sufrir me rompe el alma y no podía manejarlo de forma adecuada. Así que pensé que siendo cirujano de cabeza y cuello estaba blindado y nunca tendría niños para ver ni atender. Qué equivocado estaba y una gran enseñanza me esperaba.

En febrero del 2009 recibí una llamada del oncólogo pediatra del hospital universitario donde trabajaba en ese momento. Me comentó que estaba tratando a un niño de 5 años con un retinoblastoma. El retinoblastoma es un tumor maligno intraocular que se desarrolla en la retina en población infantil. Se estima que ocurre en 1 de cada 9000 a 15000 nacidos vivos, con aproximadamente 5000 casos nuevos al año en el mundo. Esta patología se produce por una mutación genética en las células nerviosas de la retina, que ocasiona que estas crezcan y se multipliquen formando un tumor. En la mayoría de casos esto ocurre de manera esporádica, ya que solo el 5% tiene un origen familiar hereditario. Este tipo de tumor afecta de igual forma a niños y niñas, sin preferencia por un grupo racial y puede presentarse en los primeros meses de vida con algunos casos reportados, incluso en adolescentes. Las estadísticas demuestran que la edad promedio son los dos años de vida y en un 60% de los casos se presenta en forma unilateral (afecta un solo ojo). Es importante enfatizar que este tipo de cáncer es tratable si se diagnostica con un examen oftalmológico oportuno. La probabilidad de sobrevida después del diagnóstico es del 95%. Si se detecta tempranamente se pueden instaurar tratamientos eficaces que en muchos casos pueden salvar el globo ocular.

Así pues, examiné y valoré al niño del servicio de pediatría. En ese momento pensé por qué carajos me tocaba a mí hacerlo, no tenía ganas de ver al niño porque sabía que eso me pondría muy sensible. Le comenté esto al oncólogo de pediatría, que había sido mi profesor en pregrado, y me dijo: sino es usted no hay quien lo haga. Además, algunos pediatras pensaban que el tumor estaba avanzado, que según las imágenes de resonancia de hacía dos días había compromiso intracerebral y que no había ningún motivo para realizar la cirugía que consistía en sacar el ojo, con todo el contenido de la órbita. Así que, revisé previamente la resonancia y coincidí con mi profesor que las imágenes no eran de persistencia tumoral, sino de edema secundario (inflamación) al tratamiento que el niño había recibido con quimioterapia.

Ingresé a la habitación, el niño estaba acompañado por su mamá, no había ningún signo de enfermedad o sufrimiento en su cuerpo fuera de que estaba calvo por la quimioterapia. Se encontraba riendo y jugando y con el ojo cubierto, le expliqué quién era y le dije que debía destaparle el ojo para examinarlo y saber qué tipo de tratamiento le haríamos. El niño estuvo muy tranquilo y quizás hicimos una conexión desde ese momento. Tenía el ojo derecho blanco y sin funcionalidad, el resto del examen físico era completamente normal. Me despedí de él y salí de la habitación para hablar con la mamá y contarle qué tipo de cirugía le practicaría y las posibles complicaciones. En sus ojos había tanta bondad y esperanza en que su hijo se salvara que sentí tan adentro de mi alma esa mirada que supe que ese momento había sido una bendición para mí, y que se traducía en poder ayudar a ese niño y a su madre. Le expliqué que tenía que extraerle todo el ojo porque no se podía preservar, ella me respondió que eso no le importaba con tal de que su hijo se salvara. Y pronunció una frase muy típica en ese contexto: "doctor, le encargo a mi hijo", yo le respondí que lo iba a cuidar como si fuera mío. Esa frase después me martillaría la cabeza.

A los dos días de aquella charla se realizó la cirugía. Llegué al quirófano antes de las 7 am, salí a buscar al niño y hablé de nuevo con la mamá. Lo cargué y lo llevé a la sala. Estaba muy tranquilo y le conté alguna historia para que se riera. Inició todo el proceso de anestesia, yo salí de la sala y me retiré un momento para estar solo, le pedí a Dios que me diera la tranquilidad y la capacidad para tomar la mejor decisión, le pedí por la vida del niño y la esperanza de su mamá.

Iniciamos la cirugía, siempre coloco música para operar, soy de gustos muy variados, pero en el quirófano me gusta escuchar pop y rock de los 60s, 70s, 80s y 90s. La música me produce calma y me anima. Realizamos el procedimiento que se denomina exenteración orbitaria que consiste en sacar el ojo y todo el contenido de la órbita, tomé una muestra del nervio óptico y lo envié a biopsia por congelación (es un tipo de biopsia de lectura rápida por parte de los patólogos que permite tomar decisiones en la misma cirugía) y la cual fue negativa. Mientras llegaba el reporte seguí realizando la disección cuando se rompió una de las estructuras venosas del cerebro, tuvo un gran sangrado, el cual no se detenía. Un frío pasó por mi espalda, sabía que si no paraba el sangrado no había ninguna otra forma de solucionar y el niño moriría. Pensé en la frase que le había dicho a su madre, pensé en cómo iba a salir a decirle que su hijo había muerto cuando yo había prometido cuidarlo como si fuera mío. Después de varios minutos logramos detener el sangrado. Estaba desecho, muy preocupado y con un gran dolor en el alma. Terminamos el procedimiento y salí a hablar con su mamá y a explicarle lo sucedido, ella continuó muy tranquila y en medio de lágrimas me abrazó y me agradeció.

Dos días después el niño estaba fuera de la unidad de cuidado intensivo y se encontraba hospitalizado en sala general de pediatría y una semana después ya había sido dado de alta. Durante todos esos días pasé a visitarlos, y el día de la salida les di las recomendaciones y la orden para poder verlos 2 semanas después en la cita de control para revisarlo y revisar el reporte de patología definitivo.

En Colombia desde hace varios años el 31 de octubre se celebra el día de los niños; ese día me encontraba en consulta cuando vi que en el listado estaba mi paciente especial, lo hice llamar por el médico interno que me acompañaba. El niño entró corriendo a abrazarme y me dio un gran beso en la mejilla, lo vi y llevaba un bello disfraz de pirata con el parche en el ojo que ya no tenía, no pude contener la emoción y me derrumbé. Lloré mientras lo abrazaba a él y a su mamá. Casi no pude hablar porque las lágrimas no me dejaban (aún hoy cuando escribo esto mis ojos se llenan de lágrimas), lloraba de felicidad, pero también de rabia (pues es difícil entender el cáncer en los niños). Al terminar la consulta también nos dimos un fuerte abrazo con muchas lágrimas mías y de la mamá. Fue un momento sublime que marcó mi vida.

El reporte de patología informaba que no había quedado tumor residual y que la decisión que habíamos tomado con el oncólogo había sido adecuada.

Hace aproximadamente un año volvieron a control. El que fue niño ahora es un adolescente, un caballero absoluto, gran estudiante y obvio gran hijo. Llegó acompañado por su mamá y de nuevo le di un gran abrazo de felicidad y un beso en la cabeza (me miró sorprendido). El cáncer ya se fue, pero dejó una gran secuela y él ahora busca la posibilidad de tener una prótesis ocular con un proceso de reconstrucción para mejorar su apariencia física.

Mi primera experiencia operando cirugía de cabeza y cuello en un niño fue esta y me enseñó lo inimaginable. Ya han pasado muchos más, los temores y las dudas fueron disipadas, pero el dolor en el alma aún es imperturbable.

La indolencia que conduce a la muerte

# La indolencia que conduce
# a la muerte

Es octubre de 2018 realizaba consulta en una de las clínicas de la ciudad, la mayoría de mis pacientes siempre son mayores de 50 años, por eso me causa mucha curiosidad cuando veo en el listado de espera pacientes menores e incluso jóvenes de 20 a 30 años. Uno de ellos asistió ese día, salí a la puerta del consultorio y lo llamé por su nombre, era un joven de 18 años que venía acompañado por un adulto, tenía su cara cubierta por un tapabocas (aún no estábamos en la pandemia) y eso me sorprendió aún mas, ya imaginaba que era un problema grave.

Iniciamos el interrogatorio y él no hablaba, contestaba su acompañante, el joven solo miraba con temor y tristeza, una mirada que reflejaba humildad y mucho sufrimiento. Traté de hacerle sentir confianza hablándole directo a él y mirándolo a los ojos, diciéndole que ahí estaba para ayudarlo. Su acompañante me respondió que tenía un tumor y que desde hacía 8 meses evolucionaba, que había iniciado muy pequeño en la encía y había progresado de forma rápida, con múltiples consultas y una larga espera para por fin llegar a mi valoración. No tenía ningún antecedente de importancia, ni tampoco consumo de alcohol o cigarrillo. Lo pasé a la camilla para examinarlo, le pedí que se quitara el tapabocas, descubrí un inmenso tumor que deformaba todo el lado derecho de la cara, un gran tumor que provenía de la cavidad oral y afectaba toda la mejilla, el piso de la boca, la mandíbula del lado derecho y la parte central, ya le habían realizado una biopsia que mostraba el diagnóstico de carcinoma escamocelular.

El carcinoma oral de células escamosas es la neoplasia maligna más común de origen epitelial en la cavidad oral, suele afectar en su mayoría a hombres mayores de 40 años. Los sitios de localización más frecuentes son la lengua y el piso de la boca. La etiología es multifactorial, siendo el tabaco y el alcohol los factores de riesgo más importantes. La presentación clínica es variable y, aunque es precedido por cambios visibles en la mucosa oral, el diagnóstico suele realizarse de forma tardía. Un diagnóstico precoz es de importancia crítica para mejorar la sobrevida y los resultados del tratamiento. El tamizaje del cáncer de cavidad oral es efectivo al reducir la mortalidad y morbilidad.

Terminamos el examen y de revisar las imágenes, una tomografía que mostraba que estaba comprometida toda la mandíbula del lado derecho desde la articulación temporo-mandibular, por lo que se requería una prótesis especial y además de realizar una reconstrucción, con algo que llamamos "colgajo libre", que es sacar un fragmento del hueso peroné de la pierna y llevarlo a la cara para reemplazar la mandíbula. Esto se hace con microcirugía, requiere de cirujanos expertos en el área y es una cirugía que puede durar alrededor de 10 a 12 horas. Realicé las órdenes para los exámenes prequirúrgicos y para la cirugía y dejé claro que se necesitaba prioritaria la autorización.

Tres meses después aún no habían autorizado, insistimos, pero su "magnífica EPS" jamás autorizó la prótesis (esta costaba alrededor de 8000 dólares), cartas iban y venían con múltiples excusas y nunca se logró obtenerla.

Después de 4 meses regresó a mi consulta, decido hospitalizarlo para presionar a su entidad prestadora de salud y conseguir la prótesis, el tumor había crecido mucho más y las condiciones del paciente se habían deteriorado por su dificultad para comer. Esta vez en la consulta descubro un nuevo síntoma que me preocupó mucho, tenía tos seca frecuente y de mayor predominio en la noche. Solicité nuevos exámenes, nuevas tomografías de cara, cuello y tórax con la sospecha de que ya había metástasis de la enfermedad. Esta se confirmó en el examen del tórax, donde había múltiples metástasis en ambos pulmones. Este hallazgo me devastó, y me llenó de ira y rabia por la indolencia del sistema de salud, una vida de un paciente de 18 años había costado 8000 dólares, lo que costaba la prótesis que nunca fue autorizada. Le informé al paciente y a su familiar que la cirugía ya no era posible, que solicitaríamos valoración por cuidados paliativos y por oncología para definir si era candidato a quimioterapia de carácter paliativo. La evolución en los días posteriores fue en picada con deterioro general y fallecimiento. Pienso que se rindió después de tanto esperar sin obtener ninguna ayuda, fuimos espectadores de una muerte y, siendo más específicos, de un asesinato causado por el sistema de salud.

En este caso hubo muchos errores y desaciertos, se realizó un diagnóstico tardío, quizás por el desconocimiento de estas enfermedades por parte del personal médico (no son tan frecuentes en su presentación y mucho menos en jóvenes), por lo cual no se hizo una biopsia de forma temprana y, además el acceso al servicio de salud en personas que viven en el área rural es mucho más complejo. A esto se suma que yo soy el único cirujano de cabeza y cuello del sur del país, por lo que también pueden tener una consulta tardía.

A veces la perfección es enemiga de lo necesario, pude haber realizado una cirugía sin reconstrucción, pero la deformidad hubiera sido muy grande. Sin embargo, esto hubiera salvado la vida del paciente. A veces buscamos la culpa dentro de nosotros y en nuestro accionar como médicos, pero aquí no hubo culpa, siempre busqué lo mejor para el paciente, pero aprendí que hay decisiones de vida que tienen que jugarse sin importar que los resultados sean duros. Muchas veces recuerdo su mirada, su gran humildad y la capacidad de tolerar que tuvo este paciente. En definitiva, su muerte fue dolorosa, triste e injusta.

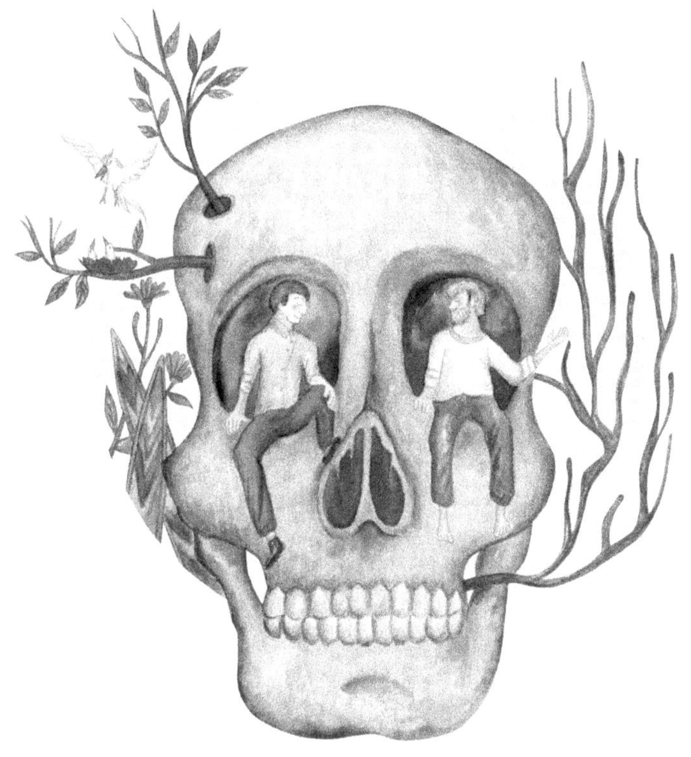

*La segunda guerra mundial "en vivo"*

# La II Guerra Mundial "en vivo"

En agosto de 2016 llegué a Milán para iniciar mis estudios en cirugía de cabeza y cuello en el Instituto Europeo de Oncología, uno de los 10 centros oncológicos más importantes del mundo. Tuve la oportunidad de acceder a una beca de estudio otorgada por la Fundación Umberto Veronessi, fundador del Instituto y padre de la cirugía conservadora para el cáncer de seno. Y conté con la valiosa y gran ayuda de uno de mis profesores y mentores que también había estudiado allí.

Al inicio fue complejo, el ambiente laboral y de estudio era exigente, las personas eran amables, pero yo no dominaba completamente el idioma, lo cual para la comunicación es fundamental. Además, ya no era el cirujano que podía operar de todo, los primeros meses fui un ayudante quirúrgico mientras aprendía y ganaba la confianza de los profesores y cirujanos del departamento. Fui recibido por el jefe del servicio, un cirujano veterano, gran profesor, quien fue muy amable.

Las costumbres son muy diferentes en cada país, por naturaleza soy muy afectuoso y amable, pero entre mis compañeras italianas esto no era bien visto y llegaron a pensar que yo coqueteaba con ellas y que era un terrible descarado. Dejaron de hablarme un tiempo, todo porque cuando íbamos a desayunar yo les llevaba el café a la mesa y les corría la silla para que se sentaran. Costumbres que no hacen los hombres italianos desde hace mucho tiempo y, si lo hacen son exclusivas para su pareja o familia. Eso lo vine a saber tiempo después y ellas mismas me lo confirmaron, así que les expliqué que mi formación de casa siempre había insistido en la caballerosidad y respeto, algo que ellas entendieron y, hasta disfrutaron de que yo las mantuviera.

Durante los primeros meses mis actividades consistían en la revisión de los pacientes en la hospitalización, asistir a la consulta ambulatoria, asistir como ayudante a las cirugías y realizar curaciones específicas a determinados pacientes, que eran responsabilidad de nosotros como *fellows* (nombre que se da a las personas que realizan una especialidad), que en ese momento éramos dos, mi compañero era un cirujano de la República Checa, y yo que era el único latino del servicio y el primero en llegar allí.

El aprendizaje fue valioso, no solamente a nivel académico sino cultural y, como no decirlo, un gran aprendizaje de vida.

En noviembre del año 2006 llegó para cirugía programada Ezio, un paciente de 75 años con un tumor del seno maxilar izquierdo. Estos son tumores malignos que afectan el maxilar superior, habitualmente son de origen escamocelular y están asociados al cigarrillo. Se practicó una cirugía que consistió en retirar todo el maxilar izquierdo en conjunto con el paladar de ese lado sin reconstrucción inmediata, por lo que quedó una deformidad. Además, se debían realizar curaciones diarias para evitar la infección y permitir un proceso de cicatrización.

Así fue como empecé a hacer la curación desde el segundo día postoperatorio. Cuando pasé por su habitación para llevarlo a la sala de curación, Ezio supo que mi acento era diferente y, obvio, mi aspecto no era muy italiano, así que cuando llegamos a la sala de curación, la cual era una sala pequeña de color blanca con una camilla y los implementos necesarios para las curaciones, me preguntó de dónde era, le contesté que de Colombia, me siguió interrogando y quiso saber por qué estaba en Milán estudiando y por qué había escogido estar ahí, le conté que el Instituto Europeo de Oncología era uno de los mejores centros del mundo y que en esos momentos en mi país no existía un programa de especialización. Seguimos hablando todos los días, hubo conexión y pedí realizar las curaciones a diario. Él quería conocer acerca de Colombia, de mi ciudad, de mi familia, que le hablara de la comida, de las personas, sobre los sitios bellos de mi país y los no tan bellos. Me corregía cuando hablaba y me enseñaba de su idioma. En definitiva, fue una relación estrecha y con él me sentía tranquilo sino hablaba bien porque sabía que aprendería. Yo también le pregunté por su familia, por su sitio de nacimiento y por lo que había vivido, pero jamás esperé oír las historias que luego me contó.

Había nacido en un pueblo cercano a Milán, al norte de Italia, cuando niño tuvo que vivir la segunda guerra mundial, tenía 8 años y su pueblo había sido víctima de los bombardeos. Había visto a vecinos y amigos muertos, me contó cómo después salían a la calle y en su inocencia, junto a sus amigos, jugaban en medio de los escombros y recorrían los campos vecinos buscando vegetales o verduras para llevar a sus casas y poder comer algo. Vio a uno de sus amigos más cercanos muerto en medio de los escombros, esa imagen lo marcó. Incluso me lo contó, en medio de las lágrimas, cuando tuvieron que irse hacia los bosques y ocultarse durante un buen tiempo. Así perdieron su casa y pasaron varios meses antes de retornar al pueblo. Sintieron el hambre y el miedo de la muerte, lo que en un niño aún es difícil de interpretar. Me contó sobre la guerra en primera persona, historias que jamás pensé conocer, sus ojos azules de mirada cristalina acompañaban esas historias, le dije que yo había leído mucho sobre la segunda guerra mundial, pero que sus historias jamás se podrían comparar a lo que se describe en los libros. También lloré escuchándolo, sentía en esos momentos la dolorosa nostalgia que lo invadía. Agradecí poder escucharlo, su paciencia y sus enseñanzas, ellas quedaron grabadas en mi memoria.

Días después fue dado de alta, lo volví a ver en varios controles posteriores y siempre fue afectuoso y demostraba una gran humildad.

Esta historia es parte de un homenaje a Ezio, no sé si aún esté vivo, pero de lo que si estoy seguro es que ha permanecido vivo en mí gracias a sus historias y su cariño.

Estoy preparada para irme (lista para partir)

# Estoy preparada para irme
# (lista para partir)

En septiembre del 2004 ya era cirujano, hacía 5 meses que había terminado mi especialización y trabajaba en diferentes clínicas de la ciudad. Uno de los sitios a los que más me gustaba ir era a la antigua clínica Federico Lleras del extinto Seguro Social, el que hace muchos años dejó de existir. Allí laboraba con un grupo de 4 cirujanos, entre los cuales yo era el menor, pues había reemplazado a un profesor que se había dedicado más a su vida personal, es escritor y pintor, cosas que yo admiraba y envidiaba.

El ambiente laboral era agradable y a pesar de ser un cirujano joven mis compañeros de trabajo, entre ellos profesores, siempre me ofrecieron su apoyo y consejo. Realizaba consulta dos veces y cirugía una vez a la semana, y hacía turno de urgencias también una vez a la semana. El servicio de enfermería y los colegas médicos generales hacían también del trabajo algo muy placentero.

Como recién graduado quería hacer de todo, operar casos complejos, quizás por el afán de demostrarnos y demostrar que somos hábiles, capaces y podemos tomar decisiones correctas. Este es un proceso de crecimiento y madurez, las que obtenemos paso a paso, con escollos y tropiezos, que son los que más enseñan.

Aquel mes valoré a la señora Amanda, una paciente de 55 años en la consulta con un dolor epigástrico severo, que ya había recibido manejo médico por un mes y sin mejoría con inhibidores de la bomba de protones. En el examen físico no había ningún hallazgo anormal, no tenía antecedentes de importancia y su estado general era bueno. Le ordené, de forma prioritaria, una endoscopia digestiva alta. Días después regresó al control con el reporte de la endoscopia, la que describía un tumor en el antro gástrico clasificación Bormann III (esta es una clasificación de cáncer gástrico avanzado) y con una biopsia que reportaba adenocarcinoma gástrico.

El cáncer gástrico es un término general con el que se denomina a cualquier tumor maligno que surge de las células de alguna de las capas del estómago. La mayoría de los cánceres gástricos se originan en la mucosa, siendo el adenocarcinoma el tipo histológico más frecuente (> 90% de los casos). Otros tipos histológicos de menor incidencia son los linfomas, los sarcomas, los tumores del estroma gastrointestinal, los tumores neuroendocrinos y los melanomas. A nivel mundial el cáncer gástrico fue el 5° cáncer más frecuente, con un millón de casos nuevos (1.033.701), en 2018 lo que supone el 5,7% de total de cánceres.

Existe una amplia variación geográfica en su presentación. Más de la mitad de los casos se concentran en Japón, Corea y China. También es un cáncer común en Sudamérica, Europa del Este y algunos países del Oriente Medio y, en cambio, es poco frecuente en Europa, Estados Unidos, Australia y África. Estas diferencias se deben principalmente a factores genéticos y ambientales, como el tipo de alimentación. En Colombia hay zonas endémicas del cáncer gástrico y una de esas es el Huila, por esta razón todos los pacientes con síntomas de epigastralgia o pirosis (ardor en la boca del estómago), sin importar la edad, deben ser sometidos a la realización de endoscopia digestiva alta. Los pacientes con cáncer gástrico pueden estar asintomáticos o presentar síntomas y signos que suelen ser vagos e inespecíficos. Los más frecuentes son indigestión, pérdida de peso, dolor abdominal en la parte superior, cambios de ritmo intestinal, pérdida de apetito y hemorragia digestiva.

Con este hallazgo en la endoscopia le expliqué a Amanda que debíamos realizar exámenes de extensión para saber si la enfermedad estaba avanzada o presentaba metástasis, además le conté que el tratamiento era quirúrgico, con una cirugía que implicaba extirpar todo el estómago con los ganglios y posteriormente unir el esófago al intestino delgado, ella siempre estuvo muy tranquila.

Regresó con los exámenes solicitados de extensión que no mostraban metástasis en hígado, cavidad abdominal o en los pulmones y, en ese momento se hicieron las órdenes para el procedimiento quirúrgico. Volvimos a hablar de los riesgos, del pronóstico y los posibles tratamientos posteriores.

Una semana después de la última consulta ya estábamos en cirugía. Hablé previamente con ella en la sala antes de la anestesia, estaba tranquila y me preguntó cuánto se tardaba la cirugía, le contesté que aproximadamente 5 horas.

Iniciamos la cirugía, en esta se realiza una incisión desde el borde inferior del esternón hasta debajo del ombligo por la línea media del abdomen, se abre el abdomen por sus capas, posteriormente se abre el peritoneo, que es la capa que cubre todos los órganos intraabdominales y se procede a localizar el estómago y valorar la cavidad. Con Amanda esto no fue posible realizar, al abrir el peritoneo toda su cavidad abdominal estaba llena de metástasis, todos los órganos estaban invadidos y esto imposibilita realizar una cirugía para extirpar el tumor y se considera prácticamente en un estado terminal. Este es un momento muy triste para todo el equipo quirúrgico y la sala entra en un silencio sepulcral donde ninguno habla y todos con la cabeza agachada asumen este dolor. No hay palabras para explicar esa sensación de impotencia y peor aún imaginar cuáles palabras se usarán después para no provocar tanto trauma en la paciente.

La cirugía duró menos de 1 hora y Amanda fue trasladada a recuperación. Media hora después pasé a hablar con ella y a contarle lo que habíamos encontrado. Le expliqué todos los hallazgos y la imposibilidad de realizar cualquier procedimiento quirúrgico. Además, le dije que solicitaríamos el concepto de oncología y radioterapia para valorar la posibilidad de tratamiento paliativo. Me respondió que ya sabía que las cosas no habían salido bien, le pregunté que como lo había sabido, miré el reloj y vi que solo había transcurrido menos de 2 horas y supe que algo estaba mal, me dijo.

Esa noche fue traslada a su habitación de hospitalización, al día siguiente comenzó a presentar hematemesis, que son vómitos con sangre, de forma abundante que la llevaron a un choque hemorrágico, produciendo caída de la presión arterial y riesgo inminente para su vida. Se transfundieron 3 unidades de glóbulos rojos y se logró estabilizar, ordené una endoscopia de forma urgente que fue realizada al día siguiente donde se encontró que el tumor había sangrado, pero no se identificó ningún sangrado activo o vaso sangrante que fuera susceptible de realizar escleroterapia (terapia que se usa para coagular los vasos que sangran). Al siguiente día de nuevo presentó sangrado digestivo y se necesitó de otra transfusión, esto sucedió por dos días más, cada día se transfundía.

Al 5 día postoperatorio visité a Amanda y encontré sangrado de forma abundante. Salí de la habitación lleno de rabia porque no habían conseguido más sangre, quería pelear con todo el mundo, pero no había más y en el banco de sangre de la ciudad tampoco. Regresé a la habitación, creo que hasta me jalaba los pelos de la cabeza por la desesperación de saber que si no había sangre Amanda moriría. Entré y salí muchas veces de su habitación. En un momento ella me llamó y me tomó del brazo, me miró fijamente, sus ojos mostraban tranquilidad y ternura, su palidez extrema contrastaba con el azul de las paredes de la habitación, me apretó el brazo y me habló con un tono de voz suave y dulce, no entendía cómo podía hacerlo en ese momento. Me dijo: doctor, esté tranquilo, no se desespere, usted ya ha hecho todo lo que tenía y debía hacer, y yo estoy muy agradecida por eso, no me ponga más sangre que es inútil, yo ya estoy preparada para irme, ya llegó mi momento. Esas palabras cayeron como un balde de agua fría y me sumieron en una calma triste. Me quedé a su lado, la tomé de la mano y la vi partir de la forma más tranquila y en una paz inmensa.

Salí de la habitación y me fui a la calle, no quería hablar con nadie, esa mañana el día era tremendamente hermoso, con un clima y un sol tenue que embellecía la ciudad. Lloré mientras caminaba y fumaba un cigarrillo. Ese día así de hermoso en Neiva comprendí que fue el regalo de despedida para Amanda, ella merecía irse de esa forma.

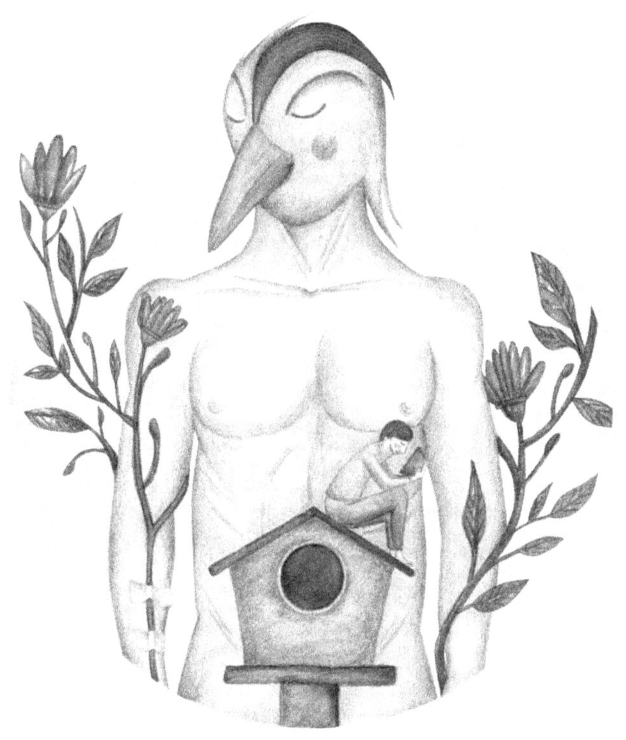

*Mi primera cirugía*

# Mi primera cirugía

En marzo de 1999 realizaba mi año de internado (este es el último año del pregrado de medicina). Se llama internado porque realizamos labores asistenciales y académicas durante todo el día en el hospital que se nos asigna y rotamos por los diferentes servicios. En aquella época eran 6 rotaciones de 2 meses cada una. Yo había iniciado el internado en junio de 1998 y había rotado por los servicios de cirugía, especialidades, pediatría, ginecología, rotación extramural y ese mes iniciaba por cirugía general, que siempre fue mi materia favorita. Cuando fui estudiante fui el mejor del semestre y creo que ese fue el único cuaderno en el que tomé apuntes y hacía gráficas con colores y complementaba con las lecturas de los libros. Tanto así que de mi cuaderno tomaron copia casi durante dos años los compañeros de los semestres inferiores y en esos préstamos nunca volvió a mis manos, pérdida que aún hoy me duele, pues ese cuaderno hubiera sido una gran reliquia.

Por este motivo tenía muchas expectativas cuando ingresé a dicha rotación. Realmente no quería hacer ninguna cirugía, quería aprender muy bien a realizar venodisecciones y colocar tubos a tórax, que son procedimientos que debe saber un médico general y en algún momento salvan vidas. En el Hospital Universitario de Neiva hacía dos años habían iniciado las especialidades médicas, por lo que tuvimos además dos residentes de cirugía general que también fungían como nuestros jefes e instructores. Desde el punto de vista práctico en ese tiempo había pensado no ser cirujano general y estudiar psiquiatría para trabajar con niños y víctimas de la guerra. ¿Por qué no quería ser cirujano? Pensaba que el estilo de vida y los modelos que había visto no eran los mejores: llenos de trabajo, haciendo turnos toda la vida y algunos con una vida familiar que no eran prioridad para ellos y a mí eso no me seducía.

La relación que hice con los residentes fue muy especial, uno de ellos Francisco Ruiz, era egresado de la primera promoción de Medicina de la Universidad Surcolombiana y había sido mi profesor de anatomía. Pacho, como le decíamos, era un personaje complejo, pero leal, afectuoso y con una gran pedagogía para enseñar, era una de las personas que yo admiraba en esos momentos. El otro residente era Fermín Canal, egresado de medicina de la Universidad de Caldas, una persona muy seria, estudioso y generoso para enseñar. Fermín vivía a dos cuadras de mi casa con su esposa, razón por la que el contacto fue mayor con él. Recuerdo que iba a su casa y él me prestaba libros para estudiar y se sentaba conmigo a explicarme cirugías y temas. Además, con él tuve muchos turnos y me enseñó los dos procedimientos que yo quería aprender para después ejercer en mi año de rural y como médico general.

La rotación por el servicio de cirugía general era la más exigente de todo el internado, hacíamos turno cada tercera noche y además durante el día teníamos temprano actividad académica, luego la revista del piso, que es la revisión de todos los pacientes hospitalizados y en la tarde asistir a consulta o cirugía programada como ayudantes. Prácticamente la vida personal o familiar quedaba anulada, pero creo que muchos también disfrutamos de esos momentos duros y exigentes. El último día de rotación tenía que asistir en la tarde a cirugía programada y estaba de residente Fermín, habíamos terminado casi todas las cirugías y solo quedaba un paciente joven con una hernia epigástrica para realizar la cirugía. La hernia epigástrica es un defecto congénito que se produce en la pared abdominal a nivel de la línea media por encima del ombligo porque no hay un cierre adecuado de las capas musculares del abdomen, su tratamiento es quirúrgico y habitualmente solo se requiere un cierre del defecto con puntos separados de una sutura no absorbible por el cuerpo.

Fermín me pidió que lo acompañara como ayudante. En su rutina quirúrgica él siempre lava al paciente antes de la cirugía y lo viste. Mientras esperaba ayudé a vestir al paciente, luego nos dispusimos, ya que si uno es diestro se coloca del lado diestro del paciente para realizar el procedimiento y el ayudante del otro lado, además de la instrumentadora que está al lado del ayudante. Observé que Fermín se desplazó al lado izquierdo y yo pensé: "este tan chicanero va a operar desde el lado izquierdo". Me acerqué con timidez porque no entendía que él estuviera al lado izquierdo, toqué al paciente y palpé el defecto. En ese momento le dijo a la instrumentadora que me pasara el bisturí porque yo iba a operar. Entonces me miró y creo que en mis ojos se vislumbraba sorpresa y desconcierto. Luego me preguntó: ¿no quiere operar? Y creo que pasaron lentamente los segundos hasta que al fin reaccioné y le dije: claro que sí. En ese momento sentí que el calor pasaba por mi cuerpo, sentía que la adrenalina circulaba y me poseía en un estado de trance. Luego tomé el bisturí, lo sentí en mis manos, sentía que era el rey Arturo con su espada e iba a salvar el mundo. Lo puse en la piel del paciente y de forma firme abrí su piel, sentía el sonido de la piel abriéndose y eso fue como el *flush* que describen los adictos a la heroína. Desde ese momento en la sala todos los sonidos se bloquearon y entré en una nueva dimensión, una dosificada con mi tacto, con la forma de abrir las capas del abdomen, de identificar el defecto herniario, resecar su saco, sentir el calor de la cavidad abdominal, que siempre me ha producido una sensación de calma y gratitud desde ese momento, calma porque el calor proporciona eso y gratitud por la posibilidad de ayudar a alguien. Cerré el defecto con puntos separados de Prolene (una sutura no absorbible) y luego la piel con puntos intradérmicos para que la herida quedara perfecta, era mi primera firma en un cuerpo humano y tenía que ser la mejor. Terminamos la cirugía y Fermín me dijo que esa era la sorpresa y el regalo del último día, que lo merecía por mi esfuerzo y pasión por la cirugía.

Salí caminando de la sala y literalmente no sentía el suelo, estaba en un sueño, me parecía imposible haber vivido ese momento y esa sensación de placer, temor, curiosidad que que siento cada vez que opero. Entendí que la cirugía se había convertido en una adicción, y que esta debe generar esas sensaciones y emociones para que uno sacrifique tanto de su vida para realizarla y continuar viviéndola.

Hace unos meses comencé a ver de nuevo una serie americana de médicos que se llama *Gray´s Anatomy*. Ya la había visto en el 2007 y me encontré con uno de sus capítulos cuando la protagonista, después de operar por primera vez, describe sensaciones parecidas a las mías, diciendo que la cirugía es una "droga".

Y sí, realmente para mí ha sido una "droga", afortunadamente legal y que me ha permitido vivir muchas experiencias y que, además, como digo siempre: me pagan por hacerla y eso es una bendición, poder tener un sueldo haciendo lo que se hace con pasión.

*He recuperado mi familia*

# He recuperado mi familia

Me encontraba en un sitio de Neiva llamado Caldo Parao, un lugar de moda para terminar de amanecer después de una larga rumba y al que llegábamos a tomar los caldos que quitan la borrachera y disminuyen el guayabo, y esto no es publicidad, sí funcionan y de eso pueden dar fe muchos borrachos que pasaron por allí.

Eran las 4 de la mañana y estábamos sentados en la barra con mi compañero cirujano Darío y nuestras novias (que después se convirtieron en esposas por su gran capacidad de aguante), esperando a que llegaran los apetitosos caldos de costilla llenos de carne, papa, calienticos, humeantes, con un aroma seductor y, ya en nuestro poder una buena porción de cilantro para acompañarlos. El sitio estaba ubicado en el área céntrica de la ciudad y al lado de las oficinas del DAS (antiguo Departamento Administrativo de Seguridad), por lo cual era bastante seguro. De pronto, alguien gritó nuestros nombres. Se trataba de una persona un tanto pintoresca con acento paisa, gran bigote y sonrisa contagiosa. Debo reconocer que de entrada no lo reconocí, pues se encontraba un poco lejos, me había quitado las gafas y además estaba ebrio, lo cual lo dificultaba todo. Esta persona se acercó y de nuevo nos saludó: ¿se acuerdan de mí, doctores? Yo soy Roberto, hace más de dos años ustedes me operaron en el hospital. En ese momento se levantó la camisa y nos enseñó su cicatriz de laparotomía (es la cirugía que abre el abdomen por la mitad) y de la toracostomía derecha (en esta cirugía se inserta un tubo dentro de la cavidad torácica para, habitualmente, drenar la sangre producida por una herida). Cuando pude oír mejor su voz y ver sus ojos lo reconocí de inmediato, me levanté y le di un gran abrazo, porque jamás pensé que lo pudiera ver así de nuevo, convertido en otra persona.

Roberto ingresó en junio de 2003 al servicio de urgencias del Hospital Universitario víctima de múltiples heridas por arma corto punzante, es decir puñal. En junio se celebran las festividades de la ciudad, por lo cual las víctimas de violencia se incrementan por el aumento del consumo de alcohol, riñas callejeras y atracos.

Ingresó en regular estado general, por lo que fue pasado directamente a cirugía. Su aspecto era desastroso, era un habitante de calle que estaba sucio, con cabello y barba larga y descuidada, y una delgadez extrema, pero lo que me llamó mi atención era su voz amable y su forma cordial para tratar a las personas, algo que no encajaba con su aspecto. Le realizamos una laparotomía y toracostomía cerrada, pues tenía heridas en el intestino delgado y en el pulmón derecho. Salió estable de cirugía y no requirió cuidados especiales y fue trasladado a hospitalización general. Hicimos una gran relación, como lo había dicho era una persona muy amable y además había sido buen lector, por lo cual teníamos mucho de qué hablar. Cuando tuve más confianza le pregunté por su vida, así me contó que era de Pereira, había tenido una carrera técnica y un trabajo digno, también había tenido una esposa y dos hijos y absolutamente todo lo había perdido por la droga. En un comienzo se hizo adicto a la marihuana, luego a la cocaína y al bazuco, perdió su pequeña empresa y dejó a su familia abandonada, se había entregado a la calle y había empezado a recorrer el país siempre en busca de la droga.

Estaba en Neiva desde hacía unos años y cuidaba los carros de las personas que llegaban a comer a Caldo Parao. Allí lo estimaban porque no era violento ni tampoco robaba. La noche en que llegó al hospital había sido víctima de varias puñaladas por otro habitante de calle que le robó lo que había conseguido en el día, la dureza de la calle, donde una vida a veces puede valer menos de mil pesos. Estuvo hospitalizado más de una semana y hablábamos todos los días, yo le insistía en que dejara la droga, le decía que él era capaz, que se pusiera pilas, que yo tenía una buena biblioteca para compartir con él, y como buen adicto me decía que sí a todo y yo en verdad le creía. Salió del hospital el 30 de junio, día de San Pedro en la ciudad, es el día de mayor rumba con un gran desfile de carrozas folclóricas con las candidatas al reinado nacional del bambuco, y luego de eso no volví a saber de Roberto.

Aproximadamente 10 meses después volvió a urgencias, pero esta vez no como paciente sino acompañando a una mujer que se había cortado una mano. Ese día me contó que hacía 6 meses se encontraba en un centro de rehabilitación, que estaba juicioso y que era monitor del grupo, por lo que había podido salir a acompañar a la chica herida. Ella había llegado hacía menos de un mes al centro. En aquella ocasión, Roberto estaba recuperado, había ganado peso, ya tenía el cabello bien arreglado, al igual que la barba, aún le faltaba parte de la dentadura, pero eso no le impedía sonreír y mostrar bondad. Es impresionante cómo una sonrisa diáfana, cristalina y bondadosa puede llegar al alma aún sin tener dientes.

Hablamos unos minutos más y después no lo volví a ver hasta la madrugada de los caldos. Nos dimos un gran abrazo, me llenó de felicidad verlo, su sonrisa ahora estaba llena de dientes y solo mantenía su bigote. Yo le tomé del pelo por el bigote y por los dientes nuevos, en ese momento el caldo pasó a un segundo plano, pero igual me lo tomé mientras hablábamos con Roberto. Entonces, nos dijo: doctores, yo quiero confesarles algo, ese día que ustedes me dieron salida, yo aproveché para poder mostrar mis heridas a las personas y pedir plata y como estábamos en pleno san Pedro, logré recolectar mucho dinero, inmediatamente me fui para la olla y me lo fumé todo en bazuco, volví a la calle y a lo mismo; pero sus palabras me seguían resonando en la cabeza, esas palabras de dejar el vicio y que yo era capaz y que podía recuperar a mi familia. Dos meses después desperté en la mañana y decidí ir al centro de rehabilitación y desde ese día inicié mi recuperación.

Seguimos conversando animadamente, me contó que el dueño de Caldo Parao le había dado la mano, que le ayudó durante su proceso de rehabilitación y que le había dado trabajo, que era prácticamente su mensajero y que era tanta la confianza que le tenía que incluso él era el responsable de hacer consignaciones en el banco. Su proceso había sido duro, pero ya llevaba más de dos años sin consumir, había retornado a Pereira a buscar a su familia, que fue difícil, pero a raíz de su cambio lo habían perdonado y mantenía buenas relaciones con su exesposa. Comenzó a buscar en sus bolsillos y sacó su billetera, esculcó dentro de ella, la tenía llena de papeles y documentos y fotos; tomó una de las fotos y me la enseñó, allí estaban sus dos hijos, ya mayores de 16 años, un hombre y una mujer, sus ojos brillaron cuando vio la foto, la cual acarició mientras me la enseñaba, y en ese momento pronunció las palabras que quedaron grabadas en mi memoria: doctor, estos son mis dos hijos, soy feliz, HE RECUPERADO A MI FAMILIA.

Mis ojos se llenaron de lágrimas de felicidad, nos dimos un gran abrazo y Roberto agradeció todas las palabras que yo le había regalado durante su hospitalización y me dijo que ahora si había cumplido la promesa que me hizo, la de dejar la droga y buscar a su familia.

Las palabras son profundas y poderosas y no imaginamos cuántas de ellas pueden influenciar de forma positiva o negativa a diferentes personas. Sigo aprendiendo a cuidar las palabras y a expresarlas de forma correcta y con gran responsabilidad.

El signo de la maleta positivo

# El signo de la maleta positivo

Durante la formación en medicina aprendemos muchos signos que habitualmente tienen epónimos, esto quiere decir que al signo (que es un hallazgo para poder identificar la enfermedad) se le coloca el nombre de la primera persona que lo describió. Por ejemplo, uno de los signos que aprendemos es el Signo de Blumberg. El signo de Blumberg fue descrito por el Dr. Jacob Moritz Blumberg, cirujano y ginecólogo nativo de Prusia (actual Alemania) graduado en la Universidad de Breslavia en 1897. La maniobra de palpación en el paciente con dolor abdominal agudo fue descrita en su artículo *Un nuevo síntoma diagnóstico en apendicitis,* publicado en 1907. Está asociada a la inflamación del peritoneo, el cual es la lámina que cubre la cavidad abdominal y la que hace posible su movilidad. En la publicación de 1907, el Dr. Blumberg explica que para realizar la maniobra el paciente debe estar acostado boca arriba. En esa posición el médico debe hacer presión con su mano en la sección del abdomen que se desea examinar.

Mientras ejerce esta presión debe observar la cara del paciente y preguntar la intensidad de dolor que siente, posteriormente, el médico debe retirar rápidamente la mano que ejercía presión y preguntar al paciente sobre el grado de dolor que siente al realizar ese movimiento. El signo se considera positivo cuando el paciente cambia su expresión facial a una de dolor y refiere más dolor con la descompresión que con la presión ejercida en el abdomen.

Este es un buen ejemplo que cito como cirujano, pero son múltiples los signos que aprendemos durante la carrera con sus respectivos epónimos. Recuerdo ahora que jugábamos entre nosotros retando la capacidad de memoria y el que se aprendiera más signos con su definición ganaba la competencia. Esta era una buena forma de aprendizaje entre los compañeros. Yo tenía dos compañeros de pregrado con una memoria asombrosa, uno de ellos Óscar Sandoval, quien ahora es un gran medico deportólogo y el otro es Joe Muñoz, neurólogo especialista en migraña y además un gran guitarrista, amigos que aún mantengo, aprecio y admiro.

En 1998 empecé mi internado e ingresé a un grupo que ya llevaba 6 meses de trabajo. Este grupo estaba conformado por mis antiguos compañeros con los que había iniciado carrera, me tomaban del pelo porque decían que yo era el interno chiquito y debía hacerles caso, a lo que yo con orgullo les contestaba con alguna vulgaridad y todos reíamos. A veces les decía jefes o "senseis" para responderles a las bromas. El grupo era muy competitivo y teníamos estadísticas del que atendiera más partos, asistiera a más cirugías y realizara diferentes procedimientos, fue una buena forma de motivarnos para aprender aún más.

Durante nuestro *rote* por el servicio de medicina interna tuvimos un paciente de aproximadamente 80 años. Le decíamos don Luis, había sido fumador toda su vida y tenía una EPOC (enfermedad pulmonar obstructiva crónica) con una complicación cardiaca asociada, por lo que era dependiente de oxígeno y había adquirido una neumonía que lo llevó a necesitar tratamiento hospitalario con antibióticos intravenosos. La Enfermedad Pulmonar Obstructiva Crónica (EPOC) es una enfermedad pulmonar común y causa dificultad para respirar.

Hay dos formas principales de la enfermedad que son la bronquitis crónica, la cual implica una tos prolongada con moco y el enfisema, el cual implica un daño a los pulmones con el tiempo.

La mayoría de las personas con EPOC tienen una combinación de ambas afecciones. La causa principal es el tabaquismo. Cuanto más fume una persona, mayor probabilidad tendrá de desarrollar EPOC.

Don Luis era un señor muy agradable, tranquilo y resignado con su enfermedad, sabía que iba a morir pronto y me contaba que estaba un poco cansado de no poder respirar bien, pues le producía dificultad para comer y prácticamente permanecía sentado porque al levantarse ya se asfixiaba. Tenía días malos y otros no tanto, pero nunca estuvo bien, sufría mucho pero nunca se quejaba, creo que era muy consciente de que su enfermedad había sido por su tabaquismo pesado y quizás eso era lo que más extrañaba, que ya no podía fumar y añoraba esos momentos de intimidad con el cigarrillo. En ese momento lo entendía muy bien, yo era fumador, a veces de más de un paquete al día y aún viendo estos desenlaces no tenía intención de abandonarlo. En esto me tardé casi 10 años más para tener un momento de quiebre en mi vida y abandonar definitivamente el cigarrillo.

Una noche que estaba de turno Don Luis estaba muy mal, el silbido de sus pulmones casi se escuchaba desde la entrada al piso de medicina interna, hicimos muchas medidas para aliviar su sufrimiento y rogaba para que se muriera y pudiera descansar, sin embargo, al amanecer comenzó a mejorar y logró dormir un rato.

A la mañana siguiente estaba como si no hubiera tenido ningún síntoma y se había puesto de pie, se había bañado y colocado ropa de calle y estaba sin oxígeno. Además, había alistado su maleta y me dijo que estaba listo para que le dieran salida.

Estaba sorprendido y asombrado, no entendía cómo había mejorado de esa forma. Lo comenté con mis compañeros, siempre los casos difíciles, anecdóticos o raros los discutíamos e incluso investigábamos. Me dijeron que eso era el "signo de la maleta positivo". Yo busqué rápidamente en mis recuerdos ese signo y no lo había aprendido, les dije que no me tomaran del pelo y les pregunté que de verdad qué pensaban del caso. Todos rieron y me contaron qué significaba este signo, el cual se describe así: algunos pacientes cuando están muy graves y casi al borde de la muerte, de forma inexplicable mejoran notoriamente y ese día alistan su maleta porque ya se van para la casa; un día después fallecen súbitamente. No se puede explicar y si se le pregunta a muchos médicos o estudiantes de medicina conocen este signo y han escuchado estas historias o las han presenciado.

Esa noche no estaba de turno y dejé muy recomendado a don Luis con mi compañero. Al día siguiente llegué muy temprano al hospital, no había podido dormir pensando en este signo. Inmediatamente me dirigí a su habitación, que era una habitación múltiple, y su cama estaba vacía. Cuando estaba allí llegó mi compañero y me contó que don Luis había fallecido en la madrugada, prácticamente mientras dormía, de forma tranquila. No fue reanimado porque su pronóstico era muy malo y él mismo lo había pedido, al igual que su familia.

Este signo lo he vuelto a ver en un par de ocasiones y no le he encontrado ninguna explicación científica ni racional. Muchas veces hay eventos que no se pueden explicar y solo se aceptan.

Luis se fue con su mejor pijama, tranquilo y con todo empacado en su maleta, espero que su viaje haya sido placentero y que hubiera encontrado la paz y el alivio para su alma.

Casi mato a mi amigo

# Casi mato a mi amigo

La noche 26 de julio de 2001 me encontraba de turno en el hospital universitario, estaba en el segundo año de mi residencia en cirugía general, era una noche aparentemente tranquila, se jugaba un partido de la copa América entre Colombia y Honduras. Ese año Colombia ganó la copa América, el título más importante del fútbol colombiano. Así que esperábamos hubiera mucho trabajo esa noche, pues el fútbol sumado al alcohol produce estragos.

En la avenida La Toma de Neiva, uno de los sectores residenciales exclusivos de la ciudad, 12 hombres fuertemente armados y vestidos con prendas camufladas asaltaron el Edificio Torres de Miraflores secuestrando a 12 personas y provocando caos en el centro de la ciudad con varios heridos y generando pánico.

Esa noche llegaron varios de los heridos al hospital, entre ellos Juan, un joven de 22 años que ingresó a urgencias. Llegó cargado por dos de sus amigos, estaba raspado, con la ropa rota y con marcas de llantas de carro en su ropa, estaba consciente, con mucho dolor y aterrado, pero lo que más llamó mi atención fue que uno de sus amigos gritaba desesperadamente que él casi lo mata y además lloraba con mucho sentimiento.

Lo ingresamos al área de urgencias e hicimos la revisión inicial, la cual consiste en un algoritmo que se llama el ABCDE, donde cada letra significa una acción para realizar. La A es de la vía aérea (que el paciente no tenga una obstrucción que le impida respirar), la B de la respiración, La C de la circulación, La D del déficit neurológico y la E de exposición (quitar la ropa para examinar todo el cuerpo buscando lesiones). Después de realizar el examen solo encontré lesiones de marca de llanta de carro en su tórax y abdomen y con dolor a la palpación de estas áreas, además con cambios en la auscultación pulmonar. Por lo demás no había signos de sangrado activo. Luego le pregunté por lo que había sucedido y por qué tenía las marcas en su cuerpo de llantas de carro. Me contestó que él iba en un automóvil con 3 amigos más cuando escucharon las detonaciones y los disparos, estaban cerca al edificio Miraflores, se detuvieron y todos descendieron buscando dónde esconderse, se acostó sobre la carretera muy pegado adelante del carro y que después el carro le pasó por encima, que no recordaba más. Le pregunté a sus dos amigos que lo traían por lo que había sucedido, me contaron que al escuchar los disparos habían parado el automóvil y todos habían bajado y se habían escondido cerca, llenos de miedo y desconociendo lo que estaba pasando, que después, cuando el ruido de las detonaciones se detuvo, se subieron rápidamente al carro y arrancaron y que justo en ese momento sintieron que el carro pasaba por encima de algo y escucharon los gritos de su amigo, ahí se dieron cuenta que accidentalmente lo habían atropellado, y que en medio del caos, cuando se subieron, lo único que esperaban era poder escapar con vida, que ninguno se dio cuenta que Juan estaba tirado al frente del automóvil, muchas coincidencias que se sumaron al terror del momento. El conductor del vehículo estaba muy afligido, no paraba de llorar y preguntaba insistentemente por su amigo, en su cara se veía el dolor y la culpa.

Se procedió a llevarlo a radiología para realizarle una tomografía de tórax y abdomen, se evidenció que tenía un hemotorax bilateral (esto significa que por el trauma los pulmones habían sangrado y esta sangre estaba en la cavidad torácica), lo llevamos al quirófano y le realizamos un procedimiento que se llama toracostomía cerrada (se coloca un tubo dentro de la cavidad torácica que se inserta en medio de dos costillas por la pared lateral del tórax para evacuar la sangre). Después de esto pasó a hospitalización, ya que no presentó otras lesiones. Juan estuvo hospitalizado por 5 días, con una muy buena evolución. Yo pasaba todos los días a revisarlo y cuando encontraba a su amigo, el conductor, acompañándolo, me gozaba mucho el momento tomándole del pelo con chistes crueles. Aún no me explico cómo Juan no tuvo lesiones graves, porque por el mecanismo del trauma uno esperaba cosas peores. Hasta el último día su amigo tuvo cara de dolor y tristeza, pienso que la culpa lo estaba mortificando. Hablé con él en una de esas ocasiones y le expliqué que había sido un accidente y que después de un tiempo sería una buena anécdota para compartir y recordar.

Jamás pensé que esa noche llegaría un caso como este, una víctima indirecta del secuestro del edificio Miraflores, una noche que muchos en Neiva quisieran no haber vivido, una noche que terminó de sepultar una esperanza de paz a un pueblo como el huilense que sacrificó mucho en ese proceso de paz.

# poemas

# El que rompe el silencio

HAY UNA SENSIBILIDAD QUE NOS DESGARRA. Emerge desde el interior del ser y rompe capas y capas de lo que somos hasta que aparece afuera, como si se tratara de un haz de luz, invisible, eso sí. Un rayo que todo lo cubre hasta enceguecernos, hasta dejarnos huérfanos de nosotros mismos, porque luego ocupa nuestros espacios y todo queda en silencio. La vida, entonces, aparece como si se tratara de una pátina que ralentiza los hechos y detiene el corazón, pero que deja ver con claridad el color de las palabras.

Siempre he considerado que esta sensibilidad está reservada para los artistas, para los orfebres de la palabra y de la música y del color. Hay una inestabilidad arraigada al ser que siente y piensa la vida de los otros como si se tratara de la vida propia. Un sentido de rebeldía con la vida, con la muerte, con la frivolidad y la injusticia. Y el poeta se viste de trajes distintos, como en este caso, en este libro del médico cirujano Adonis Tupac Ramírez, pues en él compruebo que esta sensibilidad no tiene reservas, que quienes la custodian y la expresan, que tienen la capacidad de enunciarla, son aquellos hombres y mujeres que simplemente viven con fuerza la vida, porque allí respira la poesía.

Es así como este médico, además de las crónicas que aparecen al voltear el libro (como si se volteara por una carretera en la noche), nos relata con crudeza y belleza a la vez, las experien cias por las que atraviesa un hombre que batalla en contra de la muerte y que, al otro lado, a través del artilugio de la palabra poética nos enseña ese mundo interior del ser que luego de abrir cuerpo ajenos, llega a su casa a abrir el suyo para revisarse, para saberse, para enjuiciarse y curarse a través de la poesía.

De este modo, en *La soledad del cirujano* también encontramos la soledad del hombre que está detrás del bisturí y de la bata. Justamente hallamos la soledad del hombre que trasiega con melancolía y a la vez con esperanza por un mundo colapsado socialmente, infausto, pero también, de un hombre que ve en su más grande rival, su antagonista, como lo es la muerte, a un ser que cavila y que sufre. Esto es cierto, en medio de estos poemas podemos encontrar un atisbo de comprensión por aquello que es todo lo contrario a lo que somos, porque mientras en el quirófano las personas son salvadas o mueren, en el cuarto, en la soledad de la habitación, las palabras dan vida y resucitan.

Es por esto por lo que el lector encontrará en las páginas siguientes poemas y décimas, esa forma tan hermosa de la composición poética, dirigidas al amor, al abandono, a la muerte, al cigarrillo, a la condición de sentirse abandonado en medio de un desierto como lo podemos estar todos los hombres en nuestras horas más difíciles.

**DANIEL ÁNGEL**
Escritor colombiano

# Perdido

Yo perdido en este mundo,
y tú vagando sin horizonte.
Yo payaso en lo profundo
Y tú melancólica sin presente.

Dejaste tu trazo de huellas arrastradas
sin norte, sin rumbo.
Mi senda se cruzó con tus pisadas
perturbándome, dando tumbos.

Y este, aún te mira
desde la otra orilla,
una que llenaste de aromas y ensueños.

No cruzaste el río,
abandonaste esta orilla.

# La poesía

Para mis días en los que
me anego en la incertidumbre.
Y en el dolor;
sin islas de compasión a mi alrededor,
existe solo un salvavidas:
un libro de poesía.

# Viaje adelantado



*Para la familia Trujillo*

Otra vez ha caído
mi cuerpo deteriorado y cansado
y mi alma quebrada.
Siento que el camino ha culminado.
No quiero más dolor,
no más sufrimiento ni falsas esperanzas.
Mi ciclo está cumplido,
con valentía y con creces
he llegado hasta aquí.

Hoy solo me adelanto,
mi amor sigue intacto por ustedes.
No hay preguntas ni conjeturas,
solo el deseo de partir
y abandonar mi cuerpo ya derrotado.
Hoy solo me adelanto
esperándolos en una eternidad,
sin dolor, sin cuerpos
solo nuestras almas
solo nuestro amor.

## Escribirte

Escribir en las líneas de tu piel,
la textura del mejor papel.
Escribir sin tinta solo con mi tacto,
encontrando versos
en tu aroma,
prosa en tu deseo.

Escribir sin prisa, con pausa.
Imprimiendo la huella
de un amor sin mella,
que no descansa.

## Amor matemático

Nuestros cuerpos en paralelo,
cóncavo y convexo
mi sexo perpendicular al tuyo.

Me pierdo entre tu seno y coseno,
descubro tus ángulos rectos,
los convierto en obtusos.

En una parábola he llegado a ti,
descendiendo milimétricamente,
la mejor medida para disfrutarte.

Pitágoras clavó en una hipotenusa mi deseo;
rompo ese ángulo para llegar a tu esquina,
cruzando vectores,
rompiendo paradigmas.

# Tabaco

Conoces mis demonios,
compartes mis dudas y temores.
Te metes en mi boca,
robando mi respiración.

Acompañas mi embriaguez y depresión.
Pienso, analizo, sueño,
maldigo, lloro y más a tu lado.

Eres el pre y el post de intrincados momentos.
Un vicio lleno de excusas
y promesas rotas.

Pero por fin… por fin
te he abandonado.

# Imperfección

Mis manos son tan imperfectas
como puede ser tu cuerpo.
La belleza de la imperfección
comulga con tu lucidez.

Quiero tocar tu cuerpo
disfrutar de tu alma,
desnudar tu cerebro.

Mi imperfección encaja
en el rompecabezas de la tuya.

# Diagnóstico

Un diagnóstico oscuro, disparado a quemarropa,
lacerando mi ahora, como lluvia de lanzas.
Como respuesta el llanto y la rabia.

Mil porqués taladran mi cabeza,
la vida se diluye en desesperanza.

Una larga carrera me espera, múltiples etapas,
largo duelo según Kubbler-Ross
una incertidumbre lánguida y prolongada.

Despierto, retorno del incubo,
mutilada, desfigurada -calva, famélica, pálida-.

Abrazos recibidos y fe son mis armas.

Ya no hay espacios para rendirse
esa loba de ojos penetrantes ya duerme conmigo.

Dignidad

A horcajadas buscas el aire, como un pez fuera del agua.
Tus ojos oscuros y vidriosos suplican clemencia.
Ya no hablas, no protestas, tus pensamientos se fueron.
No eres, solo vaga tu alma.


Una mano te tiende, te abre el puente para
el más allá, calma tu dolor y sufrimiento.


Descansas por fin… Ahora tu alma parte
y tu cuerpo queda.

# Kyŕos

Destajo tu piel, invado tu interior,
siento tu calor.
Mi poder es transitorio y dual,
poder de la Vida y de la Muerte.

Mis ojos y manos trabajan al unísono.
Una sinfonía de emoción y sabiduría.
El cerebro que comanda, el corazón que aterriza.

Una lucha continúa, contra el cangrejo
que penetra y se apropia de tu cuerpo.
Disputo el territorio con sudor, lucidez y lágrimas.

Me espera un final:
disyuntiva entre el dolor de la pérdida
o el inicio de una nueva partida de ajedrez.

Y así termina esta batalla
ahora ganada.
Pero la guerra… continúa.

# Profesion: médico

Fuimos dioses y héroes
durante largos años.
Hoy somos obreros y
víctimas.

Del egocentrismo, la individualidad
y la avaricia.

Ya no somos nadie,
ni damos nada.

Lástima, traición y mercantilismo
abanderan nuestra profesión.

Es tiempo de volver a la tierra,
de labrar un ahora.
El juramento nos llama,
la sociedad nos espera.

# Quirófano

Tu cuerpo pálido, solitario
se desfigura entre la luz blanca.
Desolado en su espacio,
lúgubre como tu aliento.

Te sientes fuera de ti,
expropiado en tu entorno,
violado, desgarrado.
¿Quién te entiende?

Gritas en silencio.
El miedo penetra tus poros.
Prontamente duermes,
un sueño sin sueño.

Despiertas perdido.
Otra vez, desolado.
El dolor te invade,
nadie te habla.

Eres otra cifra más de esta blanca estadística.

# Lucha perdida

He tratado de sublimar mi dolor
mutándolo en otro:
suma de dolores distintos.

El combate está perdido,
pero la lucha continúa,
oncos -se divierte con mi desesperación-.

Mi olvido transfigura la impotencia.
Mis manos amarradas, mi mente bloqueada,
mi alma desolada.

Vacío… penumbras.

# Hoja de acero

*Para Álvaro Sanabria*

Bajo la luz resplandeciente,
esperas a tu intérprete,
como el violín de la filarmónica.

Finos movimientos en forma de danza,
milimétricos, calculados,
pausados y en ocasiones improvisados.

La música que exhalas solo,
es escuchada en el teatro quirúrgico.

Sangre y fluidos como partitura,
cirujano que interpretas esta sinfonía
de inicio rápido y firme como un *allegro*,
de forma lenta y calculada, un gran adagio.

La sinfonía se acaba,
tu melodía continuará grabada en el lienzo del cuerpo,
como una cicatriz.

# Tumor

Tumor= Temor
Diagnóstico = Derrota
Cáncer = Muerte
Tratamiento = Sufrimiento


Todos estos sinónimos -creados en mi cabeza-
Obnubilan mi pensamiento.


Emocionalmente derrumbada,
Tambaleando sobre la cuerda del malabarista.


Preguntas, dudas, rabias, temores…


¿Esperanza? ¿Supervivencia?,
¿Secuelas? ¿Recaída? ¿Cura?


No me pregunten nada,
aún sigo perdida en esta nube de dolor y oscuridad.


No sé si mañana viva o quiera vivir,
No sé si moriré o me dejaré caer.


No me busquen,
no estaré para conmiseración ni lástima
Espérenme en la otra orilla,
Este río frenético, rugidor
Lo atravesaré.

# Cicatriz



Una cicatriz que recuerda la vulnerabilidad,
que escupe la falsa seguridad de la juventud y la belleza.

Una cicatriz que recuerda,
el dolor del asomo a la muerte y desesperanza.

Una cicatriz que recuerda,
el regalo de una nueva vida desde la muerte.
Que ensambla el dolor, la fe y la esperanza.
Que une sueños rotos a nuevos sueños.

Una cicatriz que amo y embellece mi abdomen.
Una V invertida que muestra victoria,
que luzco con orgullo y que es mi bandera de lucha.

Una lucha llena de estigmas y temores,
una lucha por regalar vida.

Donar órganos.

# Me voy para la guerra

Buena noche amor,
te dejo en la cama dormida,
con solo la compañía de "Manchitas",
te arropo para que no sientas frío.

Me despido en silencio,
voy para una guerra.
No tengo armas, solo mis manos,
un tapabocas reusado y una bata raída.

Soy un soldado más en este batallón de personal
sanitario.
Ya han caído unos tantos,
otros están en cuarentena total.

Somos esa esperanza o quizás,
el paliativo para los agonizantes.

Esta noche llora la ciudad,
llueve, quizás para limpiarse
del escepticismo, la arrogancia
y la ignorancia.

Brazos caidos

El coronavirus me tiene
de brazos caídos,
con miradas furtivas
y besos cautivos.


Una cuarentena nos separa.
Nuestro contacto es prohibido.


Sin tu aroma ni tu piel,
sediento de amor,
infectado en la soledad,
contaminado en la depresión.

# Venciendo mi cerebro



Corro: para espantar la tristeza y el dolor,
para vencer miedos y obstáculos.

Mis piernas se balancean
como en una danza.
Venciendo mi sistema nervioso,
y las grietas de mi cerebro.

Corro:  para compartir, reír y vivir.
Con una máscara de superhéroe y
con las fuerzas de mis sueños.

No tengo límites, vencí los pronósticos,
no creo en barreras.

Atravieso la meta
contando mis pasos,
balanceando mis brazos,
sin perder el equilibrio,
volando.

Levanto mi medalla como si
fuera el máximo trofeo.

Un trofeo que reluce en mi pecho,
donde anida mi corazón,
que venció al cerebro.

# Cirujano en décimas

Como soy un cirujano
me gusta actuar, disecar,
transformar, también pensar
que poder tengo en mi mano.
Y no siendo un tirano
para cortar las palabras,
que entre las sílabas labras,
una décima hermosa
y con la rima pomposa
octosílabas sumabas.

Someto una disección
la décima espineliana
y que no me quede plana
culpa de esta emoción.
Buscando en la colección
muchas palabras escribo,
con olfato las percibo
como dice Pimienta,
la décima condimenta
y buen aroma percibo.

# Estudiante de medicina (décima)

Un motivo de consulta
comienzo de la historia,
es parte de la memoria
que un estudiante ausculta.
Ya el asombro lo faculta,
indagando en el misterio.
Ejerce su ministerio
ungido del buen mentor,
fungiendo como doctor
aprendiz del magisterio.

Buscando antecedentes
escudriñando pasados,
en tiempos encontrados
anteriores precedentes.
Preguntas por accidentes,
y otras enfermedades.
Examinas cavidades,
palpas, sientes el abdomen
no sabes cuánto comen,
retan tus capacidades.

# Tristeza

Tristeza, la muerte nos invade,
de nuevo.
Un paciente, un amigo,
no hay explicaciones.

Vulnerabilidad y dolor,
yo solo quiero arrinconarme
en su costado.
Sentir su calor y tranquilidad.

Sigo siendo un niño frágil,
disfrazado de Ironman.

Mi poder proviene de ella
que me hace ser mejor
que me da felicidad.

Ella, eternamente ella.

# La escritura

La escritura como las lágrimas,
depuran el alma.

La escritura como las lágrimas,
son personales y pueden volverse
universales.

Las lágrimas surcan las órbitas
recorren las mejillas, lavan el rostro.

La escritura bordea los dedos,
se transmite en la tinta,
llegando al papel
volando en la imaginación.

Perdámonos


¿Me acompañarías a perderme?
Volverme invisible
cambiar de nombre,
domicilio, de vida.


¿Serías mi cómplice?
De reinventarnos,
descubrirnos,
de vivir un inicio tardío.

¿Te gustaría?
Enamorarte y reenamorarte
una y otra vez.

# Aún no me he ido

*Para Lissy*

Si oyes pasos o un murmullo
no te exaltes, soy yo.
Aún no me he ido,
no sé si lo haga.

No estoy ausente, solo es mi cuerpo
el que se ha perdido.
Mi alma aún está aquí,
circulo en tus respiraciones,
me diluyo en tus latidos,
visito tus sueños y recuerdos.

Mis rutinas no han cambiado,
me despierto contigo,
disfruto verte en las mañanas
tu cabello alborotado
y esa sonrisa llena.

Veo tus lágrimas,
lágrimas de mi ausencia,
pero no has entendido,
¡que no me he ido!

No llores,
búscame en la cotidianidad compartida,
en tu alegría y tu amor inmenso,
en nuestra música y sueños.

Moisés hizo abrir el mar para dar la
tierra prometida a su pueblo;
yo simplemente abriré mi alma
para que nuestros sueños,
se cumplan contigo.

Te esperaré en la esquina de las nubes,
en la inmensidad del silencio
donde te puedo tocar sin tocarte,
donde mi alma se dibuja en tu rostro.

# Soy como la madera

Soy como la madera,
que enciende el fuego en tu chimenea
produciendo calor y luz.

Una madera desprendida
de un gran árbol
que aún muerto sigue persistiendo.

Al quemarme mis huesos chirrían,
y chispean ceniza
que se pega a tu piel
negándome a desaparecer.

Impregno tu cabello,
con el aroma de mi humo
salvaje, penetrante
como fue mi vida.

# Guitarra huérfana



El dolor ha cesado, se quedó con el cuerpo
torturado y quebrado.
Tu alma ya es libre, para vagar y disfrutar.

Tu guitarra ha quedado muda,
huérfana del artista
no hay otro que la pueda amar así.
Ya no necesitas de ella
tus manos tocarán los acordes de
                    la eternidad.

Sigue el camino, despojado del sufrimiento,
fuiste luz desde las tinieblas de la tristeza.

Serás música en nuestras vidas,
seguirás siendo luz.
Vuela alto, tus alas de mariposa
por fin han desplegado,
entonando melodías de amor.

# Tu partida



*Para Mauricio*

¿A quién voy a ver cuándo abra mis ojos al despertar?
¿Dónde iré a buscarte?
¿En qué espacio voy a esperarte?

La soledad de tu partida
ha fracturado mi vida.
El vacío en el alma
aún no sé cómo sanarla.

Cuando despierte...
demoraré más en abrir los ojos
-para mirarte en ese momento-.

Te buscaré en cada recuerdo, respiración
y en las lágrimas que nublan mis ojos.

Te esperaré en la esquina
de las nubes y las memorias,
en el ático de mi dolor y tristeza
en la gloria de la fe y del
próximo reencuentro.

## Llegas tarde

Has llegado tarde,
mi corazón está marchito
el otoño oscureció mis pasiones
una sequía inunda mis emociones.


Has llegado tarde,
este cuerpo viejo, lleno de cicatrices
no derrama sorpresas,
solo muestra el cansancio
y la decepción...
de la espera triste.

# Profesión: lector de poemas

Leo en voz alta,
persiguiendo la musicalidad
de cada poema.
Escudriño en las letras,
buscando el alma del poeta.

Hoy tengo una nueva profesión:
soy lector de poemas.

Llevo noticias y sueños,
dolor, melancolía, tristeza,
alegría, amor y esperanza.

Me he descubierto
como lector de poemas.

Leo en la noche,
y con mi voz pongo música
a letras viejas y recientes
a declaraciones de amor
y de ruptura.

# Agotamiento

¿Y qué hacer cuando el alma se cansa?
¿Y qué hacer cuando la vida se agota?

Un disfraz de felicidad,
un frac de fortaleza y apariencia
ocultando mis ganas de morir.

Dormir eternamente,
detener mi cerebro de dar tantas vueltas
y revoluciones que me dejan exhausto.

No MÁS.

# Soy

Soy de abrazos fuertes y sentidos,
de charlas largas y variadas
de miradas claras y dicientes.

Soy de noche por su silencio
y su misterio.
Soy de hacer rápido y disfrutar lento.
De recuerdos etéreos y aromas penetrantes.
Soy de montaña por su complejidad
y de playa por su simpleza.

# Sin despertar

Y si hoy no despierta,
si al abrir la puerta tu cuerpo yace
solitario, frío e incomprendido.
Si la muerte te arrastra
y no sabes por qué.

Si la parca te lleva
y tú aún no la esperas.

¿Cómo explicarles a ellos que te fuiste?
¿Cómo decirles que no es lo que querías?

Maldita muerte, llega antes,
no habías preparado nada
ni esperabas que te asaltara así.

Muerte asesina…

¿Cómo la espantamos?

# Sin primavera

No conozco estaciones,
mi vida gira
entre el sol de tu presencia
y la lluvia de tu recuerdo.

No hay primaveras.

# Mi trinidad (décima ovillejo)

¿Y cómo tener tu aflato?
 Con Olfato
¿Y cómo tener contacto?
 Con el Tacto
¿Y cómo tengo tu don?
 Con Visión

Una forma de adicción
la trinidad de locura,
que solo tu cuerpo cura
Olfato, Tacto, Visión.

# Y llegas como una estrella (décima)

Y llegas como una estrella
en la noche solitaria,
fingiendo ser adversaria
rompiendo, dejando mella.
Veo una luz de tu huella,
huellas y luz en tus ojos.
Sin culpa de tus enojos
invado siempre los sueños
de los cuales somos dueños
se entregan en manojos.

# Una historia del amor (décima)

La historia de un amor
no todo es color rosa,
tiene matices de prosa
versos de mucho color.
Y puede tener dolor
y luces de esperanza.
Un canto de alabanza
el amor en la historia,
refleja bella memoria
de nuestra firme alianza.

# La cirugía

Tengo una droga que domina,
mi pensamiento y percepción.
En mi cerebro y manos maquina
el futuro momento de acción.

La conocí sin esperarla,
llego a mí como sorpresa,
y pude saborearla
como una amante traviesa.

Me regalas en un bisturí,
el poder de invadir.
Y en el cuerpo arremetí
para la enfermedad infringir.

# Necesito poesía (décima)

Necesito poesía,
no me puedo enloquecer
y no me quiero perder
en mi larga travesía.
Con toda esta cirugía
tanto cáncer operado.
La décima he hallado
fuente de mi salvación
y una grande pasión
La rima me ha tatuado.

# Índice

Este libro se terminó de imprimir en la
ciudad  de Bogotá en el mes de diciembre
de 2020 en los talleres gráficos de Gente
Nueva Impresores bajo el cuidado de
Antrópodo editores y fue compuesto
en caracteres Chaparral Pro,  Solex
bold y Andada de 11 y 12 puntos,
respectivamente.

www.ingramcontent.com/pod-product-compliance
Lightning Source LLC
Chambersburg PA
CBHW071753150726
47998CB00005B/1926